KB273396

요리 서툰 엄마도
쉽게 만드는
이유식 특강

요리 서툰 엄마도
쉽게 만드는
이유식 특강

초판 1쇄 발행 2014년 3월 29일

지은이 니이하라 게이코
감 수 즈츠미 지하루
옮긴이 송덕용
발행인 송현옥
편집인 옥기종
펴낸곳 도서출판 더블:엔
출판등록 2011년 3월 16일 제2011-000014호

주소 서울시 양천구 목동 131-19 202호
전화 070_4306_9802
팩스 0505_137_7474
이메일 double_en@naver.com

ISBN 978-89-98294-02-1 (13590)

※ 이 도서의 국립중앙도서관 출판시도서목록(CIP)은 서지정보유통지원시스템 홈페이지(http://seoji.nl.go.
　kr)와 국가자료공동목록시스템(http://www.nl.go.kr/kolisnet)에서 이용하실 수 있습니다.
　(CIP제어번호: CIP2014006441)

※ 잘못된 책은 바꾸어 드립니다.

※ 책값은 뒤표지에 있습니다.

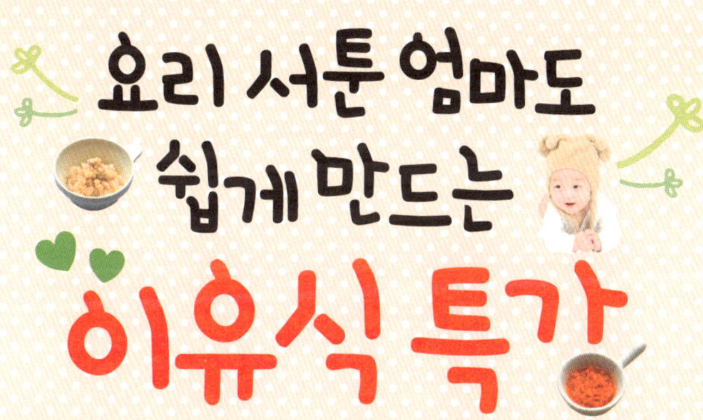

니이하라 게이코 지음 | 즈츠미 지하루 감수 | 송덕용 옮김

더블:엔

요리 잘 하는 엄마에게도 첫 아이 '이유식'은 두근거리는 숙제와도 같은 고민이거늘, 하물며 재료 손질도 서툰 초보 엄마들에게 이유식은 정상이 보이지 않는 높은 산과도 같습니다.

이 책은 일본 엄마들 사이에서 쉽고 친절하다고 소문난 이유식 입문서입니다. 일본 엄마들은 이유식을 어떻게 하고 있는지, 우리 식단과 조합해서 응용해보면 좋을 것 같습니다. 영양관리사인 저자는 서양식보다 우리식 식단이 염분이나 지방을 억제시키기 쉬워서 아이는 물론 어른의 몸에도 좋다고 말합니다. 가능하면 온 가족이 둘러앉아 즐거운 분위기에서 같은 음식을 먹는다면 자연스레 밥상머리 교육도 시작됩니다.

제 아이는 이제 이유식이 끝나고, 밥을 먹는 단계로 성장했습니다. 지나고 보니, 그리 어려운 게 아니었는데, 너무 힘들어하고 머리 아파했다는 생각이 듭니다. 그리고 다양한 레시피보다는 재료별 궁합과 조리법이 더 중요하다는 것도 알게 되었습니다. 오늘은 시금치를 먹이고 싶은데 어떻게 할까? 저녁엔 닭고기를 먹일 건데 어떻게 요리를 하지? 등 먹이고 싶은 재료별 식단이 궁금할 때 이 책은 아주 유용합니다. 이 책만큼이나 쉬우면서도 영양 가득한 '이유식'의 세계로 여러분을 초대하오니, 재밌는 강의를 듣는다 생각하시고 따라오시면 금세 즐거운 이유식을 하고 있는 자신을 발견하시게 될 겁니다.

건강하고 행복한 육아와 식사시간을 만들어가시기 바랍니다.

젖을 '빼는' 단계에서 밥을 '씹어먹는' 단계로 가는 준비과정이 '이유기'입니다. 이 시기에는 아기의 성장에 집중하는 건 물론, 아기가 잘 먹을 수 있도록 의욕을 이끌어내주는 것도 매우 중요합니다. 재료의 선택, 식사량, 먹는 방법, 더 나아가 그것을 주변 어른들이 어떻게 도와줄 것인가 하는 것도 동시에 중요해집니다.

하지만 '무엇을, 어느 정도, 어떤 식으로 먹이면 좋은지' 많은 엄마들이 안절부절 헤매고 계시더군요. 음식물과 처음으로 만나는 시기에 엄마가 이유식 때문에 지나치게 신경질적으로 변하면 그것이 아이에게 금세 전달되고, 즐거워야 할 식사시간은 괴로워지기 마련입니다.

이 책은 '친절하게' '기본'에서부터, 누구라도 단시간에 만들 수 있는 간단 레시피와 어른의 식사에서 덜어내어 만드는 방법, 베이비푸드를 이용한 메뉴 등 아이디어 풍부한 이유식을 소개하고 있습니다. 또 몸이 아플 때 및 음식물 알레르기 등 특별히 배려가 필요한 식사에 대해서도 신중하게 제시하고, 더 나아가 이유식이 매너리즘화되지 않도록 함께 하면 좋은 레시피도 친절하게 덧붙였습니다. 또한 아이가 성장해감에 따라 '편식이 심한데 괜찮을지?' '모유와 이유식의 밸런스?' 등 다양한 의문에 대한 답을 엮어 〈이유식 상담실〉 코너도 준비했습니다.

이 책이 자녀와의 즐거운 식사시간을 공유하는데 도움이 되기를 간절히 바랍니다.

즈츠미 지하루

차 례

 **1강** 이유식의 기본 

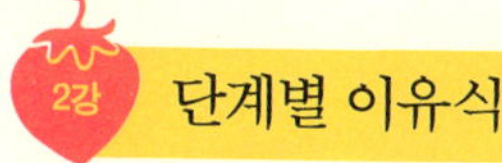

2강 단계별 이유식

초기(5~6개월): 꿀꺽기

중기(7~8개월): 오물오물기

후기(9~11개월): 냠냠기

완료기(1세~1세반): 아삭아삭기

3강 재료별 초간단 레시피

곡류_ 매일 먹는 중요한 주식 106

녹황색 채소_ 비타민C와 β카로틴이 듬뿍 120

담색 채소_ 다른 재료와 잘 어우러지는 채소 136

감자류_ 열에 강하고 영양만점 142

과일_ 비타민, 미네랄, 식이섬유가 가득 150

육류_ 양질의 단백질 160

생선_ 단백질이 풍부한 건강 음식 174

4강 아이디어 이유식

5강 이유식 상담실: 질문 있습니다!

6강 곤란한 상황에서 이유식

부록 초간편! 냉동 이유식에 관한 모든 것

일러두기

★ 1큰술은 15ml, 1작은술은 5ml, 1컵은 200ml입니다.

★ 레시피는 기본적으로 1끼 분량이지만, 일부는 만들기 편한 분량으로 표기하고 있는 것도 있습니다.

★ 다시국물이나 채소수프의 분량은 불의 세기나 가열시간, 재료 상태에 따라서 다릅니다. 상태를 보면서 조절하시기 바랍니다.

★ 재료의 굳기와 양, 크기는 어디까지나 가늠입니다. 아기의 발달에 맞추어서 조절하세요.

★ 조리시간은 가늠입니다. 조리에 참고하세요.

★ 재료에 특별한 표기가 없는 경우에는 껍질을 벗기고 씨를 제거하고 열매의 꼭지를 따고 싹을 제거하는 등의 처리는 하지 않습니다.

★ 전자레인지의 가열시간은 500W 기준입니다. 600W는 시간을 0.8배로 환산해주세요. 단 기종과 재료 상태에 따라 가열시간이 다른 경우가 있습니다. 처음에는 약간 적은 듯하게 가열시간을 설정하고, 상태를 살피면서 조절해주세요.

★ 오븐 토스터는 기종에 따라서 가열시간이 다릅니다. 상태를 살피면서 가열시간을 증감시켜주세요.

★ 이유식의 양과 진행방식에는 개인차가 있습니다. 이 책의 내용을 기준으로 하되, 아기의 발달상황에 맞추어 이유식을 진행하세요.

★ 음식물 알레르기가 염려되더라도 자가판단은 금물! 반드시 전문의와 상담하시기 바랍니다.

단계별 이유식 재료의 굳기와 양

아기가 먹을 수 있는 재료의 굳기와 양의 기준을 단계별로 모았습니다. 이유식을 만들 때 참고하세요. 이 내용은 어디까지나 기준일 뿐, 양과 진행방식에는 개인차가 있으니, 엄마가 잘 살펴 아기가 건강하게 잘 먹는 이유식을 만드시기 바랍니다.

	초기 (5~6개월)	중기 (7~8개월)
기본 굳기	**굳기의 기준 : 수프** 아직 능숙하게 혀를 놀릴 수 없습니다. 입 속에서 원활하게 움직일 수 있는 수프 정도의 걸쭉한 상태를 기준으로 합니다.	**굳기의 기준 : 두부** 혀와 윗턱으로 음식물을 으깰 수 있게 됩니다. 두부 정도의 굳기로, 알갱이와 형태가 있는 상태의 것을 서서히 첨가해갑니다.
밥	10배죽. 초기에는 쌀알 입자가 없을 정도로 매끄럽게 갈아 으깹니다. 익숙해졌다면 입자를 거칠게 해갑니다.	7배죽. 익숙해졌다면 서서히 5배죽으로 진행해갑니다.
당근	부드럽게 삶아서 갈아 으깬 것에 수분을 첨가해 걸쭉하게 합니다.	부드럽게 삶아서 다집니다. 거칠게 으깨도 좋습니다.
시금치	부드럽게 삶아서 종횡으로 잘게 칼집을 넣은 후, 매끄러워질 때까지 갈아 으깹니다.	부드럽게 데쳐서 종횡으로 다집니다. 약간 형태가 남을 정도로 다집니다.
흰살 생선	삶아서 껍질과 뼈를 제거한 후, 수분을 첨가해 매끄러워질 때까지 갈아 으깹니다.	삶아서 껍질과 뼈를 제거한 후에 포크로 거칠게 발라냅니다.
식사 횟수	1일 1회 → 2회	1일 2회
1회당 기준량	**탄수화물** : 곡류(10배죽 1수저씩) **비타민 · 미네랄** : 채소 · 과일 1수저씩 **단백질** : 두부 1수저씩 또는 흰살생선 1수저씩 ※ 한 숟가락부터 시작해서 서서히 늘려갑니다.	**탄수화물** : 곡류(7배죽~5배죽 50~80g) **비타민 · 미네랄** : 채소 · 과일 20~30g **단백질** : 생선 10~15g 또는 고기 10~15g 또는 두부 30~40g 또는 유제품 50~70g 또는 계란 노른자 1개~전란 1/3개

후기 (9~11개월)	완료기 (1세~1세반)
굳기의 기준 : 바나나 혀를 좌우로 움직일 수 있고, 잇몸으로 음식물을 으깰 수 있게 됩니다. 바나나 정도의 굳기로 약간 굵직하게 자른 재료를 섞습니다.	**굳기의 기준 : 고기경단** 혀와 턱을 자유롭게 움직일 수 있게 됩니다. 어금나나 잇몸으로 씹어서 으깰수있게 되므로고기경단 정도의 굳기를 기준으로 합니다.
5배죽. 쌀알 입자의 형태가 남아있는 상태. 익숙해졌다면 진밥으로 진행합니다.	진밥. 보통 밥보다 수분이 조금 많고 부드러운 상태. 익숙해졌다면 밥으로 진행합니다.
손가락으로 으깰 수 있을 정도의 굳기로 삶아서 사방 5~6mm로 자릅니다.	포크로 쏙! 잘릴 정도의 굳기로 삶아서 한 입 크기로 자릅니다.
부드럽게 데쳐서 종횡으로 잘게 썰기를 합니다. 약간 씹는 맛이 느껴질 정도면 됩니다.	부드럽게 데쳐서 폭 1cm로 자릅니다. 섬유질을 느낄 수 있을 정도로 데칩니다.
삶아서 껍질과 뼈를 제거한 후 사방 5~8mm 정도로 잘게 썹니다.	삶아서 껍질과 뼈를 제거한 후 한 입 크기로 자릅니다. 생선의 섬유질을 느낄 수 있을 정도로 삶습니다.
1일 3회	**1일 3회**
탄수화물 : 곡류(5배죽 90g~진밥 80g) **비타민 · 미네랄** : 채소 · 과일 30~40g **단백질** : 생선 15g 또는 고기 15g 또는 두부 45g 또는 전란 1/2개 또는 유제품 80g	**탄수화물** : 곡류(진밥 90g~밥 80g) **비타민 · 미네랄** : 채소 · 과일 40~50g **단백질** : 생선 15~20g 또는 고기 15~20g 또는 두부 50~55g 또는 유제품 100g 또는 전란 1/2~2/3개

아기의 발달에 맞춘 식품 선택법

아기의 발달단계에 맞는 식품을 골라주세요.
새로운 재료에 도전할 때에는 하루에 한 가지씩, 아기의 상태를 확인하면서 하세요.

○ 이 시기의 아기가 먹기 쉽고 소화하기 쉬운 식품   × 이 시기의 아기가 먹기 힘들거나 먹여서는 안 되는 식품
△ 먹을 수 있지만 적극적으로 먹이지 않아도 좋은 식품, 또는 소량이지만 먹이는 방식에 주의가 필요한 식품

탄수화물	초기(5~6개월)	중기(7~8개월)	후기(9~11개월)	완료기(1세~1세반)
쌀	○	○	○	○
감자	○	○	○	○
고구마	○	○	○	○
식빵	○	○	○	○
토란	○	○	○	○
소면 · 우동	○	○	○	○
콘프레이크	×	○	○	○
크래커	×	△	○	○
마카로니	○	○	○	○
스파게티	○	○	○	○

단백질	초기(5~6개월)	중기(7~8개월)	후기(9~11개월)	완료기(1세~1세반)
흰살생선*	○	○	○	○
마른 잔멸치	○	○	○	○
연어	×	○	○	○
방어	×	×	○	○
두부	○	○	○	○
돼지고기	×	△	○	○
쇠고기	×	△	○	○
닭고기	×	○	○	○
플레인 요구르트	△	○	○	○
코티지치즈	×	△	○	○
달걀	×	○ (노른자1~전란1/3)	○ (전란1/2)	○ (전란1/2~2/3)
낫또	×	○	○	○

*흰살생선은 대구, 광어, 가자미, 조기, 갈치, 도미 등 계절에 맞는 재료를 사용하세요.

비타민 · 미네랄				
	초기(5~6개월)	중기(7~8개월)	후기(9~11개월)	완료기(1세~1세반)
당근	○	○	○	○
무	○	○	○	○
가지	○	○	○	○
시금치	○	○	○	○
토마토	○	○	○	○
오이	○	○	○	○
파	×	○	○	○
양파	○	○	○	○
버섯	×	×	△	○
단호박	○	○	○	○
콩류	×	○	○	○
숙주나물	×	△	○	○
사과	○	○	○	○
딸기	○	○	○	○
바나나	○	○	○	○
조미료				
소금	×	△	△	△
간장	×	△	△	△
설탕	×	△	△	△
토마토케첩	×	△	△	△
마요네즈	×	×	△	△
된장	×	△	△	△
버터	×	△	△	△
우스타소스	×	△	△	△
벌꿀	×	×	×	△
고형(固形) 콘소메	×	△	△	△
고추	×	×	×	×
겨자	×	×	×	×
고추냉이	×	×	×	×

※ 이 표는 어디까지나 기준입니다. 양과 진행방식에는 개인차가 있습니다.

이유식의 기본

처음에는 모르는 것들로 가득!!
균형 잡힌 식단 만드는 방법에서
갖추어두면 편리한 조리도구까지
이유식의 기본을 모았습니다.

이유식은 우유에서 식사로 가는 과정

★ 이유식은 생후 5~6개월 무렵부터

아기는 태어나면서 모유 및 분유를 먹으며 무럭무럭 자랍니다. 그러다 성장에 필요한 에너지와 영양소를 음식물을 통해서만 섭취할 수 있게 되는 시기가 옵니다. 하지만 아직 아기는 음식물을 씹거나 마실 수가 없습니다. 젖이나 젖병을 빠는 건 본능적으로 할 수 있지만, 음식을 씹고 우유나 물을 마시는 행동은 연습을 해야만 가능한 일이니까요. 그 연습을 겸해서 약 1년에 걸쳐 아기의 발육과 발달 속도에 맞추어 만드는 식사가 바로 '이유식'입니다. 보통 생후 5~6개월 무렵에 시작합니다.

어른 식사에 흥미를 나타내는 등 아기가 '이유식을 시작해도 좋아요'라는 신호를 보내오면 하루 1회, 으깬 죽 한 숟가락부터 시작하면 됩니다.

★ 식사의 즐거움을 체험하게 해주어야

이유식은 아기의 소화기관과 씹는 힘의 발달에 맞추어 1회분의 양과 굳기, 재료의 종류, 식사 횟수 등이 변합니다. 요리를 잘 하는 엄마들에게도 이유식은 새로운 요리의 영역인데 요리가 서툰 엄마들에게는 말할 필요도 없이 어렵기만 할 것입니다. 이유식은 아기에게도 엄마에게도 첫 경험 투성이입니다! 하지만 지금 아기에게는 엄마의 도움이 절실히 필요합니다. 숟가락을 입에 넣어주는 엄마의 얼굴이 다정하면 식사는 당연히 즐거워지겠죠?

"맛있어?" "그래~ 맛있어!!"라며 엄마가 1인 2역을 연기하는 것으로 아기는 그 의미를 배우고, 식사에 대한 흥미를 갖고 관심을 넓혀가게 됩니다. 이유식이 점차 진행되면서 아기들은 손으로 집어서 먹으려고 합니다. 이것은 성장의 과정이므로 흘리며 먹는다고 꾸짖지 말고 아기의 '먹고 싶다'는 의욕을 끌어낼 수 있도록 엄마가 즐겁게 응원해주세요.

이유식을 시작해도 좋은 신호

- **어른 식사에 흥미를 보인다** : 어른이 식사를 하는 모습을 보며 우물우물 입을 움직이는 등 먹고 싶어 하는 듯한 행동을 보입니다.

- **지탱해주면 앉을 수 있다** : 목에 안정감이 생기고 지탱해주면 앉을 수 있는 상태라면 발육은 양호합니다. 이유식을 시작해도 좋습니다.

- **수유시간이 일정해졌다** : 수유 사이클이 일정, 혹은 수유시간보다도 일찍 모유나 분유를 찾는다면 이유식을 시작할 시기입니다.

- **포유반사가 줄어들었다** : 수저를 입에 넣어도 혀로 밀어내는 일이 줄어드는(포유반사의 약화) 것도 기준이 됩니다.

★ 이유식 초기(5~6개월) : 꿀꺽기

아이의 상태를 살피면서 하루 1회 한 숟가락씩 시작합니다. 아직 입안에서 으깨지 못하므로 매끄럽게 갈아 으깬 상태에서 조리합니다. 모유나 분유는 먹고 싫어 하는 만큼 줍니다.

입술과 혀는 거의 움직이지 않습니다. 입을 다물고 목 쪽으로 음식물을 보내서 꿀꺽 하고 삼킵니다.

★ 이유식 중기(7~8개월) : 오물오물기

부드러운 알맹이 상태의 것을 혀로 으깰 수 있게 됩니다. 하루 2회식으로 식사의 리듬을 만들고, 다양한 맛과 혀에 닿는 감촉을 즐길 수 있도록 재료의 종류를 늘리는 것도 중요합니다. 혀와 윗턱을 사용해 음식물을 찌그러뜨립니다. 이 움직임이 오물오물 하는 것처럼 보입니다.

★ 이유식 후기(9~11개월) : 냠냠기

잇몸으로 으깰 수 있는 굳기를 가진 음식물을 먹을 수 있게 됩니다. 식사의 리듬에 신경을 쓰면서 하루 3회식으로 늘려갑니다. 가족이 즐겁게 함께 식사하는 것도 매우 중요합니다. 잇몸으로 음식물을 으깨며, 이가 나지 않았지만 씹는 듯한 움직임을 보입니다.

★ 이유식 완료기(1세~1세반) : 아삭아삭기

잇몸으로 씹을 수 있는 굳기를 가진 음식물을 먹을 수 있게 됩니다. 식사의 리듬을 축으로 생활 리듬을 맞추어봅시다. 손으로 움켜쥐고 먹기가 시작되는데, 스스로 먹는 즐거움을 넓혀가는 것도 이 시기에 필요한 일입니다.

입으로 지나치게 많이 밀어넣거나 음식물을 흘리면서 아기는 스스로 한 입의 양을 기억합니다.

★ 이유식의 6원칙

1

내 아이의 페이스로

아기의 발달에는 개인차가 있으므로 이유식의 기준에 좌우될 필요는 없습니다. 이 책을 참고하면서 내 아이의 페이스로 진행하세요.

2

엄마가 초조해하지 않는다

본래 식사란 즐거움 일. 엄마가 초조해하면 아기에게 전달되어 식사 분위기를 해치게 됩니다. 유연한 마음을 갖도록 노력해보세요.

3

영양 밸런스는 2~3일 단위로

영양 밸런스가 좋은 식사를 만들기 위해 노력하는 것도 중요하지만 매일 신경을 쓰게 되면 피곤해집니다. 2~3일 단위로 조절하면 됩니다.

4

아기의 상태를 관찰한다

"아이 맛있네~"라고 말을 건네면서 아기가 먹는 상태를 확인하세요. 새로운 음식을 먹일 때에는 몸 상태의 변화에 주의해야 합니다.

5

다른 아이와 비교하지 않는다

아기의 발달은 개인차가 크고 음식에 대한 흥미도 다릅니다. 다른 아이와 비교하지 마세요. 걱정이 될 때에는 소아건강수첩에 기재되어 있는 성장곡선으로 확인하세요.

6

먹는 즐거움을 가르친다

식사에 대한 흥미는 이유식에서 시작됩니다. 즐거운 분위기 속에서 다양한 맛을 체험하게 해서 먹는 힘을 키워주세요.

성장을 촉진시키는 영양식단 만들기

다양한 음식물을 먹을 수 있게 되면 이제 영양소의 균형이 중요해집니다. 아기의 성장을 촉진시키는 영양식단을 만들어보기로 할까요.

★ 균형 잡힌 식단은 균형 잡힌 식습관으로 이어진다

이유식에는 모유나 분유만으로는 섭취가 부족한 에너지와 영양소를 보충하는 역할이 있습니다. 처음에는 모유, 분유와 병행해서 이유식을 먹이지만 본격적으로 이유식 단계에 돌입하면 영양소의 균형을 고려해야 합니다. 균형 잡힌 식단은 아기의 성장을 촉진하는 동시에 균형 잡힌 식습관으로도 이어지게 됩니다.

하지만 식사 준비는 매일 해야만 하는 일인지라 너무 신경이 과민해지지 않도록 합시다. '매일 어렵다면' 2~3일 단위로 조정하면 됩니다. 여유를 가지고 노력해봅시다.

★ 생후 9개월부터는 식단에 신경을 써야

먹을 수 있는 재료와 양이 한정되어 있는 꿀꺽기와 오물오물기에는 에너지나 영양소보다는 음식물에 익숙해지게 만드는 데에 중점을 두어도 상관없습니다. 아기의 발육에 적당한 이유식을 먹이고 있는지, 처음으로 도전하는 새로운 음식을 먹였을 때 아기의 상태는 어떠한가 등을 확인하면서 진행해 나가는 것이 중요합니다.

균형 잡힌 좋은 식단을 생각해야 하는 시기는 하루 3회식을 먹게 되는 생후 9개월 무렵부터입니다. 모유나 분유보다도 이유식이 본격적으로 에너지와 영양소의 주체가 되기 때문입니다. 탄수화물 + 단백질 + 비타민 · 미네랄 + 국물 요리를 식단의 기본으로 하여 구색 좋은 식단을 만들어보세요.

신경 써서 꼭 식단에 넣었으면 하는 것은, 간(肝)과 톳 등 철분을 풍부하게 함유하고 있는 재료입니다. 태어나기 전에 엄마의 몸으로부터 받은 철분은 이 무렵이 되면 서서히 줄어들기 때문입니다.

▶ 탄수화물

밥이나 빵, 면류, 감자류 등에 함유되어 있는 영양소입니다. 몸속에 들어가면 포도당이 되어 몸과 뇌의 에너지원으로 작용합니다. 아기가 건강하게 활동하기 위해서 빠져서는 안 되는 영양소입니다.

▶ 단백질

생선, 고기, 달걀, 콩 제품, 유제품 등에 함유되어 있는 영양소입니다. 몸을 만들기 위해 빠져서는 안 되는 영양소이므로 2~3회식에 들어가면 확실히 섭취하도록 합니다. 동물성 단백질과 식물성 단백질이 있으므로 균형 잡힌 식단에 추가해봅시다.

▶ 비타민 · 미네랄

채소나 과일 등에 함유되어 있는 비타민은 면역력을 높이거나 영양의 흡수를 돕습니다. 푸른 채소류나 해조류에 함유된 미네랄은 뼈와 치아를 건강하게 하는 기능이 있습니다. 어느 쪽도 몸 상태를 갖추기 위해서 없어서는 안 될 영양소입니다.

★ 영양식단 만들기 포인트

1

9개월 이후에는 균형 잡힌 식단으로

하루 3회식을 먹이는 생후 9개월 이후에는 식사를 통해 에너지와 영양소를 섭취하는 비율이 커집니다. 균형 잡힌 식사를 하기 위해 죽 등의 주식에, 생선과 고기, 채소, 그리고 부족한 영양소는 국물요리로 보충하세요.

2

염분을 피하고 엷은 맛으로! 재료의 맛을 최대한 살린 조리

장의 발육이 불충분한 아기는 염분을 삼가는 것이 좋습니다. 꿀꺽기는 재료의 맛으로 충분합니다. 오물오물기는 향을 첨가한 정도. 냠냠기 이후에도 가능하면 원재료의 맛을 살려서 엷은 맛으로 조리하세요.

3

유분이 적은 메뉴 추천

다시마와 가다랭이포 우린 물을 사용하면 염분을 넣지 않아도 음식의 맛을 낼 수 있습니다. 가능하면 유분도 억제하고 채소를 끓인 음식 등을 중심으로 메뉴를 생각해봅시다.

4

색감을 고려한 식단으로

빨간색(토마토, 당근), 녹색(시금치, 브로콜리), 노란색(달걀 노른자, 호박), 흰색(두부, 흰살생선), 검은색(김) 등 재료의 색감을 잘 활용하면 균형 잡힌 좋은 식사가 됩니다. 제철 채소를 솜씨 좋게 곁들여보세요.

모유는 언제까지 먹여야 할까요?

이유식이 완료되어도 모유수유를 계속 해도 괜찮습니다.
언제까지 계속할지는 엄마와 아이의 상황에 맞춰서 생각해봅니다.

★ 가능하면 자연스럽게 수유를 그만두는 '졸유'를…

이유식이 순조롭게 진행되면, 1세부터 1세 반에는 에너지나 영양소의 대부분을 음식물로부터 얻을 수 있게 됩니다. 분유의 경우는 1세 무렵부터 컵을 사용해서 먹을 수 있게 되므로 자연스럽게 젖병을 졸업할 수 있지만, 모유의 경우는 이유가 완료되어도 여전히 수유하는 경우가 많습니다.

수유를 언제, 어느 타이밍에서 멈출 것인가를 엄마가 결정하는 것을 '단유(斷乳)', 아기가 자연스레 젖에서 멀어질 때까지 기다리는 것을 '졸유(卒乳)'라고 합니다. 단유냐 졸유냐 어느 쪽으로 할 것인가 망설이는 엄마들이 많은데, 일반적으로는 '졸유'가 바람직합니다. 주위의 권유가 아닌 엄마 본인의 의사로 결정하는 것이 중요합니다. 부모와 아이 사이의 관계는 무척 다양하므로 각각의 상황에 맞게 판단하시는 게 좋습니다.

★ 수유기간은 한정되어 있으므로, 계속할 수 있을 때까지 해보는 것도

엄마의 '젖'은 아기에게 영양소와 에너지를 줄 뿐만 아니라, 아기가 안정감을 갖는 데에도 큰 역할을 합니다. 아기의 생활 리듬에 맞출 수 있는 환경만 된다면 자연스럽게 젖에서 멀어질 때까지 모유수유를 하는 것도 괜찮지 않을까요? 직장문제 등 어쩔 수 없는 사정으로 엄마가 그 시기를 정하는 경우도 있습니다. 중요한 것은 엄마가 젖을 먹이며 아기와 충분히 교감할 수 있는지의 여부입니다.

지금이 아니면 다시 오지 않는 소중한 수유기입니다. 할 수 있을 때까지 계속해보자는 긍정적인 자세도 좋습니다. 저는 이 방법을 추천합니다.

★ 단유를 하는 이유

단유를 하기 전에, 먼저 그 이유를 정리해봅시다.

이유식이 완료되는 1세반 무렵까지 단유를 하는 게 일반적이지만 모유수유에 대한 생각은 사람마다 다 다릅니다. 단유를 할 경우에는 자신과 마주해서, 그 이유로 후회하지 않을지를 심사숙고한 후에 실천에 옮길 것을 권합니다.

▶ 이유 1 : 주위에서 권유해서

주위에서 "아직도 젖을 먹이고 있어요?" 라는 얘기를 듣고 어쩔 수 없이 단유를 결정하려고 한다면 잠깐만! 언제든 그만 둘 수 있는 것이니까, 엄마가 진정으로 그만두고 싶다는 생각이 들 때까지 자신감을 가지고 계속해봅시다.

▶ 이유2 : 엄마의 몸 트러블 때문에

유선염을 일으키거나 아이가 이로 젖꼭지를 깨물어 상처가 났거나… 이러한 몸의 트러블에 직면하면 단유를 떠올리게 됩니다. 하지만 바로 결론을 내리지 마세요. 트러블을 개선해서 가능하면 수유를 이어갑시다.

▶ 이유3 : 어쩔 수 없는 사정으로

직장에 복귀하는 등 어쩔 수 없는 사정으로 아기의 생활 리듬에 맞출 수 없게 되어 단유를 결정하는 경우가 있습니다. 그때는 '다양한 조건을 생각해서 결정할 것' 과 엄마가 스스로 마음의 결단을 내리는 것이 중요합니다.

★ 매끄러운 단유의 흐름

1 단유 목표일을 정한다

언제까지 단유를 하고 싶은지, 우선은 목표일을 정합니다. 단 아기가 좀처럼 익숙해지지 않는 등 계획대로 실행이 안 될 수도 있습니다. 시간적 여유를 갖고 준비합시다.

2 수유 횟수와 시간을 줄여간다

목표일을 향해 조금씩 수유 횟수와 시간을 줄여갑니다. 극단적으로 횟수를 줄이는 것이 아니라, 하루 4회 주던 것을 3회, 2회, 1회와 같은 식으로 천천히 줄여갑니다.

3 아기에게 목표일을 전하고 단유한다

목표일이 다가오면 아기에게 "이제 곧 엄마 맘마와는 안녕이야" 라고 미리 이야기해 둡니다. 갑작스레 실행하는 것이 아니라 아기에게도 마음의 준비를 하게 하는 것이 중요합니다.

무엇을 가지고 있나요?
우리집 조리도구 체크

★ 조리도구

체에 내리고 걸러내고 으깨고 짜고…

손이 많이 가는 이유식 만들기에 편리한 조리도구를 소개합니다.

♥ 계량 스푼

분량이 15㎖ 이하일 때에 사용합니다. 1작은술(5㎖)과 1큰술(15㎖)이 일반적이지만 1/2작은술과 1/2큰술이 세트가 되어 있는 제품이 있다면, 한층 편리!

♥ 작은 냄비

아기가 먹을 양을 머릿속으로 그려봅시다. 소량이므로 약간 작은 것이 사용하기 편리하고, 잘 눌어붙지 않는 재질을 추천합니다.

♥ 과즙기

과즙을 짤 때 사용합니다. 껍질째 절반으로 잘라서 짜기만 하면 끝. 손쉽게 낭비 없이, 듬뿍 과즙을 짜낼 수 있습니다.

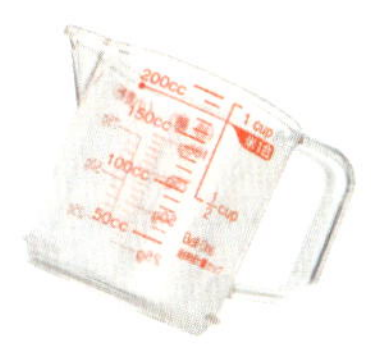

♥ 계량컵

쌀이나 물의 양을 잴 때 편리
합니다. 200㎖ 정도 잴 수 있
으면 충분하지만, 큼지막해서
눈금이 눈에 확 들어오는 타
입이 사용하기 편하겠죠.

♥ 체

자그마한 것이 사용하기 편합
니다. 삶은 것을 체에 담을 때
는 물론, 2종류 이상의 재료를
함께 삶아서 도중에 걸러낼
때에도 유용합니다.

♥ 차 망

다시국물 등을 걸러낼 때 뿐
아니라 소량의 재료를 차 망
에 넣어 기름 빼기, 염분 빼
기, 데치기, 체로 걸러내기
등 다양한 용도로 사용하기
편합니다.

♥ 강판

금속, 플라스틱 등 다양한 재
질이 있는데, 위 사진의 세라
믹제는 갈기 편하고 사용 후
손질도 간단하고 내구성도 좋
습니다.

♥ 자그마한 프라이팬

이유식용으로 산 제품이지만,
어느새 일상적으로 사용하고
있는 걸 느끼게 될 겁니다~!
그 정도로 자그마한 프라이팬
은 가볍고 사용하기 편해서 조
리가 즐거워집니다.

♥ 절구 · 분마기

이유식 초기부터 비교적 장기
간 사용하므로 가볍게 씻어서
공간을 차지하지 않는 것이
좋겠죠. 작은 것이 요철에 재
료가 낄 걱정 없이 사용할 수
있습니다.

★ 보관도구

아기가 먹는 양은 소량이므로, 1회분씩 만드는 일은 의외로 큰일입니다.

만든 후 현명하게 보관하기 위한 도구를 준비합시다.

♥ 밀폐용기

작은 사이즈로 여러 개 준비해두세요. 냉동 및 전자레인지용으로 준비해두면 편리합니다. 뚜껑이 제대로 닫히는지도 선택 포인트입니다.

♥ 아이스큐브

다시국물이나 죽을 냉동할 때 좋습니다. 얼린 후 지퍼백에 담아서 보관합니다. 이유식 초기에는 특히 순식간에 조리할 수 있어 유용합니다.

♥ 소량팩

만든 이유식을 1회분씩 소량으로 냉동해둘 수 있습니다. 사이즈가 다양하므로 월령과 먹는 양에 맞춰 나눠서 사용할 수 있습니다.

♥ 지퍼백

넉넉하게 만들어서 냉동해두고 싶을 때 유용합니다. 부피도 많이 차지하지 않습니다. 사용하기 편한 사이즈를 골라서 상비해두세요.

★ 있으면 편리한 도구

♥ 죽 팩

전기밥솥 안에 넣어 밥과 함께 죽을 만들 수 있는 뛰어난 제품. 꿀꺽기(5~6개월)부터 냠냠기(9~11개월)까지, 단계에 맞는 죽을 만들 수 있습니다.

♥ 이유식 조리 세트

이유식 만들기에 빠져서는 안 되는 '갈기' '거르기' '으깨기' '짜기' 등이 가능한 만능 조리 세트. 포개서 수납할 수 있어 공간을 차지하지 않습니다.

이유식에 필요한 조리방법 11

이유식은 아기가 먹기 편하도록 만들어야 하므로 손이 한 번 더 가기 마련입니다.
어떤 재료들을 어떻게 효율적으로 조리하는지 그 방법들을 친절하게 소개합니다~.

1. 강판에 갈기

♥ 건조·냉동시킨 것 갈기

빵이나 닭가슴살 등 부드러운 재료는 미리 냉동
해둡니다. 재료가 딱딱하면 간단하게 갈 수 있
습니다.

♥ 사과, 당근 등 딱딱한 것 갈기

사과 등 생으로 먹는 것은 먹기 직전에 껍질을
벗기고, 심을 제거한 후 강판에 갑니다. 당근 등
뿌리채소류는 부드럽게 데친 후 강판에 갑니다.

2. 발라내기

♥ 포크로 발라내기

흰살생선은 뼈와 껍질을 꼼꼼히 제거해서 끓인 후, 접시에 올려놓고 포크 끝을 사용해서 발라 냅니다.

♥ 손으로 발라내기

흰살생선도 비닐봉지를 사용하면 손끝을 이용해 간단하게 발라낼 수 있습니다. 발라낼 정도를 조절하기 쉽다는 게 특징입니다.

3. 체에 내리기

♥ 섬유질이 많은 것은 칼로 썬 후에

양배추나 시금치 등 섬유질이 많은 잎사귀 채소는 부드럽게 데친 후 잘게 잘라서 갈아 으깬 후 체에 내립니다.

♥ 부드러운 재료는 가볍게 눌러서 체에 내린다

토마토나 딸기 등 부드러운 재료는 그대로 체에 내립니다. 씨와 껍질도 제거할 수 있으므로 꿀꺽기(5~6개월)에 자주 사용하는 방법입니다.

♥ 체가 없을 때에는 차 망으로 대용

체를 가지고 있지 않다면 차 망을 사용해보세요. 망 눈이 거친 것도 있으므로 거른 후에 씨와 껍질이 들어가 있지 않은지 확인해보세요.

4. 으깨기

♥ 절구로 으깨기

가열해서 부드럽게 만든 단호박을 절구에 넣고 절구봉으로 으깹니다. 고구마와 시금치 등 섬유질이 많은 재료는 으깬 후에 체에 내려줍니다.

♥ 포크로 으깨기

바나나 등 부드러운 재료는 포크의 등 부분을 사용해서 으깹니다. 포크 끝을 꾹 눌러주는 것이 요령입니다.

5. 즙내기

♥ 키친페이퍼로 거르기

과즙만 먹이고 싶은 이유식 초기에 사용하는 방법입니다. 짠 오렌지 과즙을 청결한 거즈나 키친페이퍼를 사용해서 거릅니다.

♥ 포크를 이용해 즙내기

과육도 먹을 수 있게 되었다면 포크로 즙을 내봅시다. 사진과 같이 오렌지에 포크를 찔러서 상하로 움직입니다.

♥ 과즙기를 이용해서 즙내기

과육도 양껏 먹이고 싶을 때에는 과즙기를 사용합니다. 반으로 자른 오렌지를 과즙기에 대고, 꾹 비틀면서 눌러주면 과즙을 짜낼 수 있습니다.

6. 걸쭉하게 만들기

❶ 전분을 물에 녹인다

전분 1에 물 2 비율로 녹입니다. 전분은 침전되기 쉬우므로 요리하기 직전에 섞는 것이 요령입니다.

❷ 팔팔 끓으면 넣는다

국물이 팔팔 끓으면 전분 녹인 물을 넣습니다. 국물을 잘 저어주면서 다시 팔팔 끓여서 걸쭉하게 만듭니다.

걸쭉하게 만든 식품

요구르트

플레인 타입을 으깬 바나나 등과 섞어서 사용하세요.

베이비푸드

섞기만 하면 걸쭉해지는 제품이 시판되고 있습니다. 손쉬워서 실패가 없습니다.

빵

빵가루를 국물에 넣어서 끓입니다. 빵가루 크기는 이유식의 진행 상태에 맞게 조절하세요.

밀기울 가루

건조된 밀기울 가루를 체에 내려 국물에 넣고 열을 가합니다. 상비해두면 편리한 재료입니다.

7. 묽게 하기

♥ 채소를 묽게 하기

체에 내린 채소를 삼키기 편한 상태로 만들기 위해서 물이나 수프를 붓는 것을 '묽게 하기' 라고 합니다. 조금씩 물을 첨가하면서 잘 섞이게 합니다.

♥ 흰살생선을 묽게 하기

퍼석퍼석해지기 쉬운 흰살생선. 으깨기만 해서는 먹기 불편할 수 있습니다. 그럴 때는 물이나 수프를 첨가해서 묽게 만들어줍니다. 균일하게 잘 섞는 것이 포인트!

8. 끓이기

♥ 다시국물이나 수프로 끓이기

처음에는 재료 자체로만 조리하는 경우가 많은데, 삶아서 으깨는 것만으로는 맛이 심심하죠. 아기가 싫증내지 않도록 다시국물이나 채소수프로 끓여서 맛을 냅니다.

♥ 볶은 후 다시국물이나 수프를 첨가하기

볶은 후에 다시국물이나 수프를 첨가하면 폭신폭신해져서 먹기 편해질 뿐 아니라 감칠맛이나 맛이 배가 됩니다. 열을 가하면 채소의 달콤함도 더해집니다.

9. 썰기

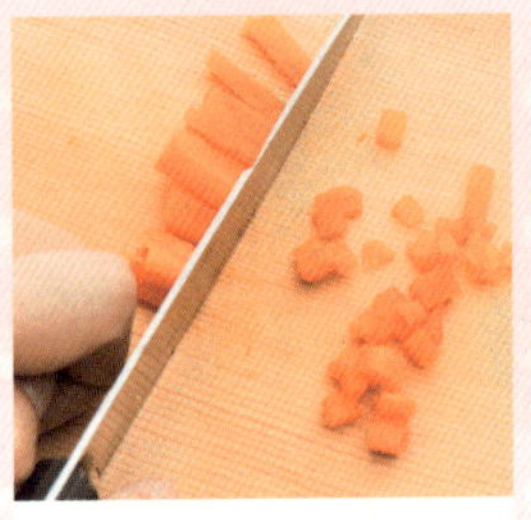

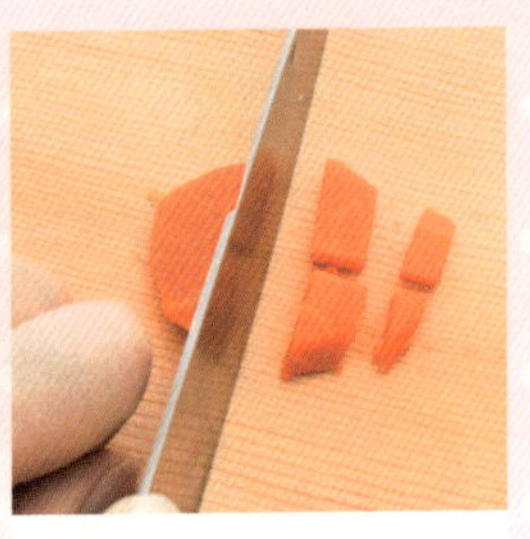

♥ 다지기 (사방 2~3mm)

다지기를 해서 아기에게 먹이는 것은 7~8개월에 들어서면서부터. 사방 2~3mm를 기준으로 채썰기한 것을 끝부분부터 잘게 썹니다. 삶아서 썰면 됩니다.

♥ 잘게 썰기 (사방 5~6mm)

다지기에서 한입크기로 썰기까지는 4~5개월이 걸립니다. 아기의 상태를 보면서 조금씩 크게 썰어보세요. 사방 5~6mm 정도가 적당합니다.

♥ 한 입 크기로 썰기

1세 정도가 되면 한 입 크기 사이즈도 먹을 수 있게 됩니다. 아직 채소가 날것으로는 딱딱해서 먹을 수 없으므로 부드럽게 조리합니다.

10. 굽기

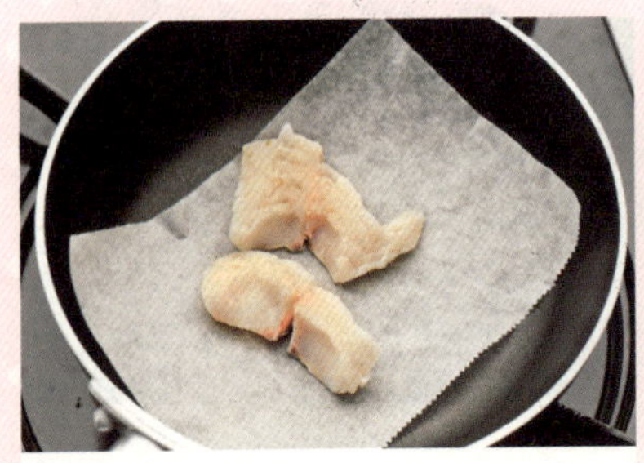

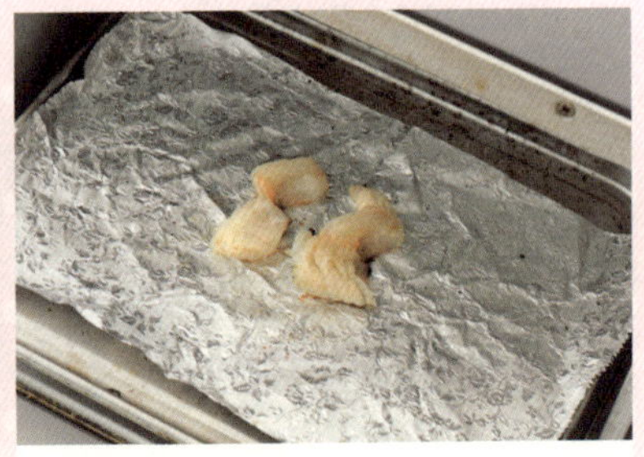

♥ 프라이팬에 굽기

기름을 사용하지 않고 굽고 싶을 때에는 쿠킹시트 위에 재료를 얹어서 구우세요. 프라이팬에서 쿠킹시트가 삐져나오면 인화의 우려가 있으므로 주의하세요.

♥ 오븐 토스터에 굽기

오븐 토스터도 실패가 적은 편리한 조리기구입니다. 재료만 굽고 싶을 때에는 알루미늄 호일을 깔고, 얇게 기름을 두른 후 그 위에 얹으면 됩니다.

11. 삶기

♥ 물에 삶기

속까지 불이 닿기 힘든 달걀이나 감자, 당근 등
의 뿌리채소류는 냄비에 물을 채우고, 재료를
넣어 뚜껑을 덮은 후 불 위에 올려놓습니다.

♥ 뜨거운 물에 데치기

시금치 등의 잎사귀 채소류는 단시간에 삶는 것
이 원칙입니다. 냄비 물이 끓으면 재료를 넣고,
뚜껑을 덮지 않고 강한 불에서 휙~ 데칩니다.
그 후 찬물로 헹구는 것도 잊지 마세요.

알아두면 편리한 빠른 조리비법

아무리 바빠도 손수 이유식을 만들어주려고 애쓰는 엄마들에게,
시간을 효율적으로 사용할 수 있도록 신속한 조리 테크닉을 소개합니다.

1. 전자레인지 사용

적은 양도 능숙하게 단시간에 조리할 수 있을 뿐 아니라,
영양가를 빼앗기지 않는 전자레인지를 활용해보세요.

★ 전자레인지를 이용한 다양한 조리법

 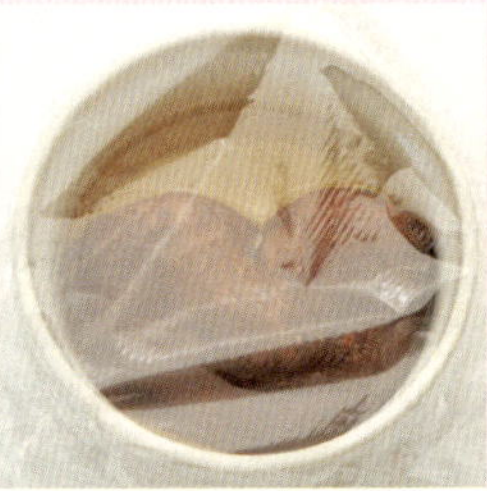 

♥ 찌기	♥ 되돌리기	♥ 볶기
이유식 1회분을 작은 냄비에 만들려고 하다보면 양이 적어서 눌러붙기 일쑤죠. 이런 때에는 소량의 다시국물에 재료를 넣고 전자레인지에 가열하면 편리합니다.	말린 표고버섯 등 말린 재료를 되돌리는 것도 간단합니다. 씻어서 내열 용기에 담아 마른 재료가 덮일 정도로 물을 붓고 랩을 씌워서 가열합니다.	양파에 소량의 버터를 얹어 가열하면 풍미 있는 볶음요리가 완성됩니다. 가열할 때에 양파가 튀면 청소하기 번거로우므로 랩을 살짝 씌워 줍니다.

♥ 데치기

시금치 등의 잎사귀 채소는 씻어서 랩으로 싸서 가열합니다. 수분을 조금 첨가하는 것만으로도 데친 상태가 됩니다. 가열 후에는 찬물에 담갔다가 사용합니다.

♥ 가열하기

단호박과 같이 딱딱한 재료도 전자레인지를 사용하면 단시간에 따끈따끈해집니다. 적당한 크기로 잘라 소량의 물을 뿌려 랩을 씌워서 가열합니다.

♥ 걸쭉하게 만들기

걸쭉하게 만들기도 전자레인지로 충분히 가능합니다. 물에 녹인 전분을 요리에 첨가하고, 잘 섞어서 가열하기만 하면 됩니다. 전자레인지에서 꺼낸 후에는 다시 잘 섞어줍니다.

★ 전자레인지를 능숙하게 사용하는 포인트

1 **올려놓는 위치는 기종에 맞춰서**

턴테이블의 유무 등 기종에 따라 사용 방법이 다릅니다. 재료를 올려놓는 위치는 사용하는 기종에 맞추세요.

2 **가열할 때에는 조금씩 시간을 늘린다**

단번에 너무 뜨겁게 하면 위험합니다. 상태를 보면서 조금씩 가열시간을 늘려가면 실패를 막을 수 있습니다.

3 **재료의 크기를 통일시킨다**

짧은 시간에 완성하기 위해서는 재료의 크기를 통일하는 게 좋습니다.

4 랩은 살짝 여유를 둔다

가열하면 수증기가 발생합니다. 수증기가 도망갈 길을 만들기 위해서 랩은 살짝 여유를 두고 씌웁니다.

5 소량의 물을 플러스

재료를 부드럽게 만들고 싶거나 재료가 건조되어 있는 경우에는 물을 약간 첨가해서 가열합니다.

6 도중에 균일하게 가열되고 있는지 체크

균일하지 않게 조리되기 쉬우므로 도중에 상태를 살핍니다. 열이 잘 전달되지 않은 곳이 있으면 깊숙이 잘 섞어 재가열하면 멋지게 완성됩니다.

7 전자레인지에서 사용할 수 있는 식기인지 체크!

모든 용기를 전자레인지에 사용할 수 있는 건 아닙니다. 우선 내열 소재인가를 체크해봐야 합니다. 유리나 플라스틱은 내열과 그렇지 않은 것이 있기 때문에 반드시 확인한 후 사용하도록 합니다.

NG
- 스테인레스, 알루미늄 등 금속제품
- 금·은으로 무늬나 둘레를 두른 제품
- 칠기, 대나무나 나무 제품

OK
- 내열 유리나 내열 플라스틱
- 도자기 등

재료를 부드럽게 하는 장점을 가진 전기밥솥.
밥을 지을 때 밥솥에 같이 넣기만 하면 됩니다.

♥ 죽 만들기

죽은 전기밥솥으로 함께 만들면 간단합니다. 전용 죽 컵에 쌀과 물을 넣고, 취사용 쌀, 물, 죽 컵을 차례로 넣고 스위치를 켜기만 하면 끝~! 죽만 따로 만드는 수고를 덜 수 있습니다.

♥ 채소 삶기

감자, 당근 등의 뿌리채소류는 잘 씻어서 껍질을 벗긴 후, 통째로 알루미늄 호일로 싸줍니다. 쌀, 물, 채소 순으로 밥솥에 넣고 스위치 온! 힘들이지 않고 채소 속까지 부드러워집니다.

♥ 영양밥에서 소를 골라내기

고구마를 넣고 밥을 지었을 경우, 아기용으로 소만 골라내봅시다. 어른 밥과 함께 이유식을 만들 수 있으므로 시간을 단축할 수 있는 아주 좋은 방법입니다. 강력추천합니다!

재료를 잘게 부수거나, 섞거나, 페이스트 상태로 만들 수 있는 믹서기는
이유식 만들기의 아군입니다.

♥ 으깨기

섬유질이 많은 양배추나 시금치 등을 수작업
으로 으깨는 데에는 손이 많이 갑니다. 이때에
는 믹서기가 편리합니다.

죽을 으깰 때에도 믹서기가 있으면 순식간에 끝
납니다. 넉넉하게 만들어서 냉동보관해 두세요.

♥ 핸드믹서기를 사용해도 OK!

믹서기와 같은 역할을 하면서, 기구를 볼이나 컵
에 넣어서 사용할 수 있는 간편함이 핸드믹서기
의 장점이죠. 죽도 취향에 맞게 으깰 수 있습니다.

♥ 남는 분량은 아이스큐브에 담아 냉동

보관은 아이스큐브를 사용하세요. 1큐브가 1회
분의 용량에 가까운 것을 고르면 편합니다. 랩
을 씌워서 얼린 후 지퍼백에 담아 보관합니다.

부엌칼보다 사용하기 편리한 키친가위.
작은 재료나 소량을 자를 때 편리합니다.

♥ 면류를 자를 때

국수나 우동 등 면류를 조리하고 나서 싹둑싹둑
먹기 좋은 길이로 자르세요. 가위는 깨끗하게 씻
어서 뜨거운 물로 소독하여 청결하게 보관하시기
바랍니다.

♥ 닭가슴살 등 육류를 자를 때

삶은 닭가슴살 등 육류를 잘게 자르고 싶을 때에
도 키친가위가 편합니다. 다지기를 할 때에도 먼
저 가위로 잘게 자른 후 칼로 다지면 편합니다.

♥ 채소의 잎사귀 끝을 자를 때

시금치나 양배추 등 채소의 잎사귀 끝을 약간만
잘라내고 싶을 때나 잘게 잘라내고 싶을 때 사용
합니다.

5. 비닐봉지로 으깨고 부수고

가능하면 설거지거리를 줄이고, 손을 더럽히지 않고 조리하고 싶다면,
비닐봉지는 이러한 것들을 가능하게 하는 편리한 도구의 대표선수입니다.

♥ 삶은 재료 으깨기

삶은 재료도 비닐봉지에 넣고 손으로 으깨면, 쓸
데없는 설거지거리도 생기지 않고 손도 더러워지
지 않습니다.

♥ 잘게 부수기

건조된 것을 잘게 부술 때에는 지퍼백이 편합니
다. 밀개떡을 두들겨도 가루가 날리지 않으므로
솜씨 좋게 조리할 수 있습니다.

♥ 재료 혼합하기

고기경단이나 햄버거용 속을 만들 때 손에 달라
붙는 것이 싫은 법이죠. 재료를 전부 비닐봉지
속에 넣으면, 손을 더럽히지 않고 혼합할 수 있
습니다.

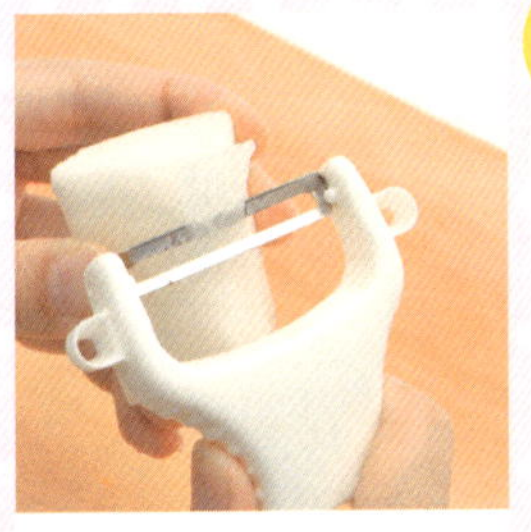

♥ 필러

무나 당근 등을 얇게 썰 때에는 필러를 사용하면 간단하면서도 능숙하게 썰 수 있습니다. 얄팍 썰기나 부채꼴 썰기, 다지기 등도 필러로 얇게 썰기를 한 후에 하면 깔끔하게 완성됩니다.

♥ 튀김망

팔팔 끓는 물에 넣을 수 있는 튀김망은 잔멸치 등의 염분 제거에 활용 가능합니다. 차 망도 괜찮지만, 바닥이 깊은 튀김망은 뜨거운 물에 담그기 편해서 유용합니다.

염분 제거와 마찬가지로 튀김망을 사용하면 소량의 재료의 기름 제거도 간단합니다. 참치도 튀김망에 담으면 냄비 속에서 깔끔하고 손쉽게 작업이 가능합니다.

♥ 짤주머니

단호박 으깬 것이나 고기경단의 속 등 아기용으로 소량을 짤 때 활용합니다. 넉넉하게 만든 것을 1회분씩 나누어서 냉동할 때에도 편리합니다.

♥ 피자커터

접시 위에서 사용할 수 있는 날카로운 피자커터의 특징을 살려보세요. 어른 식사를 아이용 그릇에 덜어낸 후 작게 자를 때 활용합니다.

♥ 거품기

두부 등 부드러운 재료를 잘게 만들 때에 거품기를 사용해보세요. 굳이 절구를 꺼내지 않아도 간단히 으깰 수 있습니다.

미각을 성장시키는 기본 다시국물 2가지

이유식은 기본적으로 맛내기를 하지 않고, 소재의 맛을 살려야 합니다. 그런 만큼 다시국물이 중요해집니다. 제대로 다시국물을 내서 아기의 미각을 성장시켜 봅시다.

★ 다시마 가다랭이 다시국물

다시마와 가다랭이포로 국물을 낸 다시국물은
이유식 만들기에서 빠져서는 안 됩니다.

재료 (2.5컵분량)

- 다시마 6×3cm … 1장
- 가다랭이포 … 3g
- 물 … 3컵

❶ 다시마 표면의 더러움을 마른 천으로 닦고 칼집을 넣습니다. 냄비에 분량의 물과 다시마를 넣고 약 30분간 둡니다.

❷ 냄비를 약한 불로 끓이다가 확 끓어오르기 전에 다시마를 건져낸 후, 물이 팔팔 끓으면 가다랭이포를 넣고 약 1분간 끓입니다.

❸ 불을 끈 후 약 3분간 둡니다. 볼에 면보자기를 깐 튀김망을 얹고, 조금씩 ②를 부어 걸러냅니다.

★ 채소수프

채소의 맛을 꾹 눌러 담은 수프.
떫은 맛이 강한 채소를 제외한 모든 채소 OK입니다.

재료 (2컵분량)

- 양배추, 당근, 양파
  … 합해서 250g
- 물 … 4컵

❶ 채소를 씻고, 껍질이 있는 것은 벗기고, 적당한 크기로 자릅니다.

❷ 냄비에 ①의 채소와 물을 넣고 가열합니다. 팔팔 끓으면 약한 불로 줄이고 채소가 부드러워질 때까지 약 20분간 익힙니다.

❸ 볼에 면 보자기를 깐 튀김망을 얹고 ②를 부어 걸러냅니다. 채소는 이유식용으로 사용합니다.

아이 월령에 맞춘 단계별 이유식의 기본

죽

♥ 쌀로 만드는 죽

재료 (만들기 편한 분량)

- 쌀 … 1/4컵
- 물 … 2 1/2컵

만드는 법

❶ 냄비에 간 쌀과 분량의 물을 넣고 불을 붙인다.
  (팔팔 끓어오르면 약한 불로 줄이고, 뚜껑을 덮고 약 20분 익힌다.)

❷ 불을 끄고 7~8분 정도 뜸을 들인다. 식은 후 매끄러워질 때까지 갈아 으깬다.

♥ 밥으로 만드는 죽

재료 (만들기 편한 분량)

- **밥** … 1/2컵
- **물** … 2컵

만드는 법

❶ 냄비에 밥과 분량의 물을 넣고 불을 붙인다.
　(팔팔 끓어오르면 약한 불로 줄이고, 뚜껑을 덮고 약 10분 익힌다.)

❷ 불을 끄고 7~8분 정도 뜸을 들인다. 식은 후 매끄러워질 때까지 갈아 으깬다.

♥ 전자레인지에 만드는 죽

재료 (만들기 편한 분량)

- **밥** … 1/4컵
- **물** … 1컵

만드는 법

❶ 내열 용기에 밥과 분량의 물을 담고 랩을 씌워 전자레인지에 약 1분간 가열한다.

❷ 식은 후 매끄러워질 때까지 갈아 으깬다.

단계별 죽 만드는 방법

	쌀로 만들기	밥으로 만들기	전자레인지에 만들기
5~6개월 (10배죽)	쌀 1 : 물 10	밥 1 : 물 4	밥 1 : 물 4
7~8개월 (7배죽)	쌀 1 : 물 7	밥 1 : 물 3	밥 1 : 물 3
9~11개월 (5배죽)	쌀 1 : 물 5	밥 1 : 물 2	밥 1 : 물 2
1세~1세반 (진밥)	쌀 1 : 물 2	밥 1 : 물 1	밥 1 : 물 0.9

넉넉하게 만들어서 냉동보관

♥ 랩으로 싸서 보관

죽에서 진밥이나 밥으로 이행하면, 어른 밥과
마찬가지로 랩에 싸서 냉동보관합니다.

♥ 아이스큐브에 넣어서

넉넉하게 만들었다면 아이스큐브에 넣어서
랩을 씌워서 냉동고에 넣습니다. 얼린 후에는
지퍼백에 담아서 보관하세요.

빵 미음

재료 (1인분)
- 샌드위치용 식빵 … 1/8장
- 채소수프 … 1큰술

만드는 법

❶ 작은 냄비에 잘게 찢은 식빵과 채소수프를 넣고 걸쭉해질 때까지 끓인다.

❷ 식은 후 매끄러워질 때까지 갈아 으깬다.

빵 죽

재료 (1인분)
- 샌드위치용 식빵 … 1/2장
- 채소수프 … 2큰술

만드는 법

❶ 작은 냄비에 잘게 찢은 식빵과 채소수프를 넣고 걸쭉해질 때까지 끓인다.

식빵

재료 (1인분)
• 샌드위치용 식빵 … 1장

만드는 법

❶ 손으로 쥐고 먹기 편한 크기로 자른다.

토스트

재료 (1인분)
• 식빵 … 1장

만드는 법

❶ 식빵 귀퉁이를 제거하고 먹기 편한 크기로 자른다.
❷ 오븐 토스터에 넣고 약간 노릇해질 때까지 굽는다.

식탁 주위의 베이비 제품

이유식 식기나 스푼 등 이유식을 시작하면
필요한 제품들이 있습니다.
어떤 것들이 있는지 살펴봅니다~

컵

스트로나 컵으로 음료수
를 마실 수 있을 때까지
는 연습이 필요합니다.
음료수가 잘 넘치지 않는
것과 빨아먹기 쉬운 것을
고르세요.

식기 세트

이유식 전용 세트는 요리를 뜨기 편하고, 으깨기 쉬
운 형태의 스푼 등 아이디어가 가득합니다. 세트를
가지고 있으면 편합니다.

스푼

이유식을 막 시작했을 때
에는 엄마가 먹여주기 위
한 스푼을 준비합니다.
아기가 스스로 스푼을 쥘
수 있게 되면 아이용을
준비하세요.

앞치마

끈을 뒤로 묶는 타입이나 스모크와 같
은 긴소매 타입 등 종류도 다양합니다.
가정용, 외출용 등 용도에 맞게 사용하
세요.

턱받이

아무리 조심해도 식사 중
에 음식물을 흘리게 됩
니다. 플라스틱이나 비닐
소재의 턱받이라면 씻기
편하고 음식물을 흘려도
걱정 없습니다.

단계별
이유식

월령별로 4단계로 나누어 이유식의 진행방법과 특
징을 소개합니다. 가장 중요한 건 아기가 먹는 즐거
움을 익히는 것입니다. 엄마가 무리하게 강요하지
말고 아기 페이스로 진행해보세요~

초기(5~6개월): **꿀꺽기**
중기(7~8개월): **오물오물기**
후기(9~11개월): **냠냠기**
완료기(1세~1세반): **아삭아삭기**

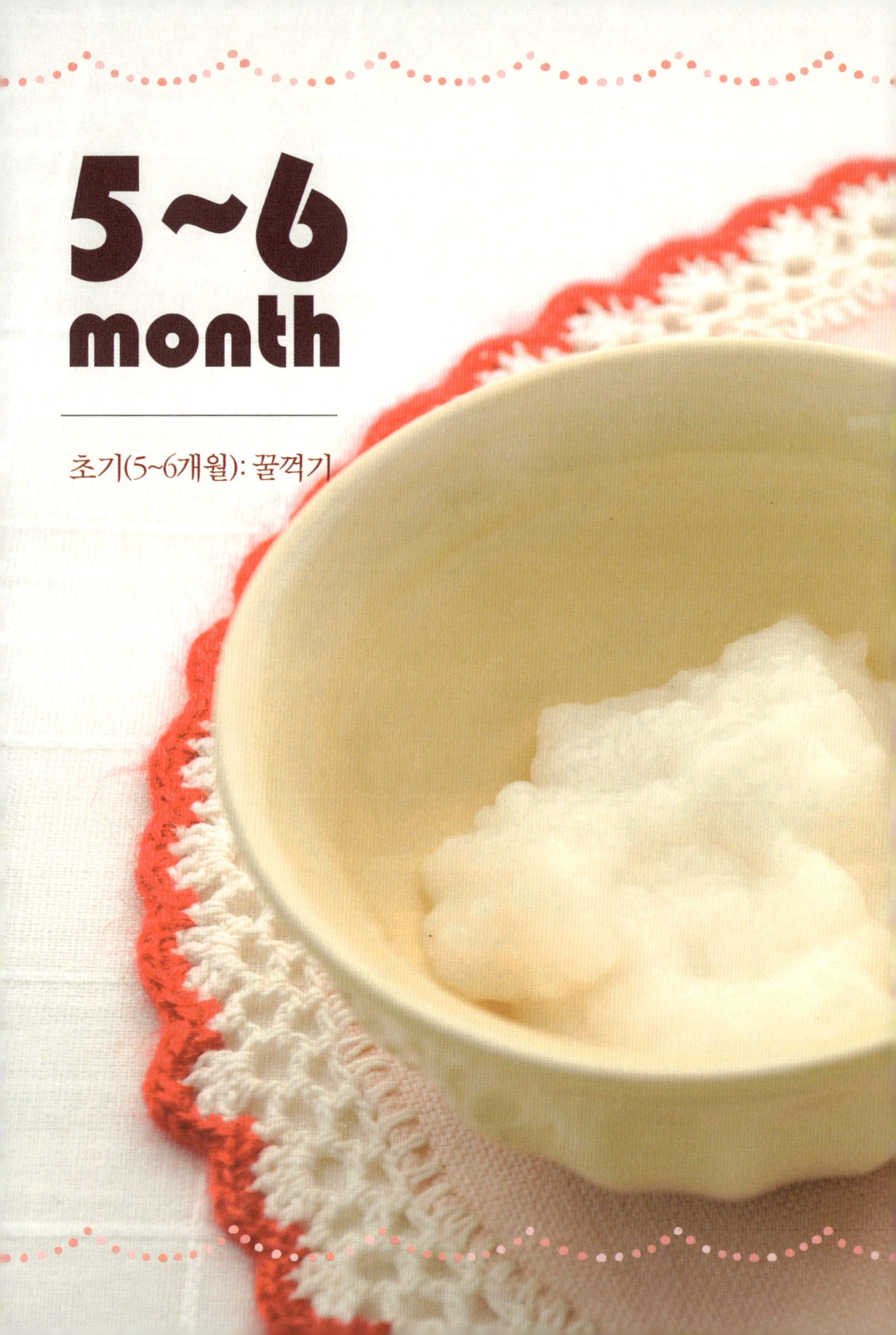

5~6 month

초기(5~6개월): 꿀꺽기

꿀꺽기에는 우선 한 숟가락부터 시작!

드디어 이유식이 시작됩니다. 이제 아기는 모유나 분유가 아닌 것을 처음으로 입에 대게 됩니다. 초조해하지 말고 천천히 진행해보세요.

숟가락을 입에 댈 수 있다면 이유식 개시

모유나 분유를 먹는 것밖에 몰랐던 아기가 처음으로 그 이외의 것을 입에 대는 것이 이유식입니다. 형태 있는 것을 삼키는 것, 다양한 음식이 있다는 것, 식사는 즐거운 일이라는 것을 엄마와 온 가족이 애정을 가지고 가르쳐주세요. 아기는 태어나서 바로 모유나 분유를 먹을 수 있도록 포유반사를 몸에 익혀서 태어나지만, 생후 5~6개월 무렵이 되면 이 반사가 옅어집니다. 반사가 남아 있는 동안에는 숟가락을 입에 대면 혀로 밀어내는 등 싫어하는 경향이 있습니다. 싫어하는 반응을 보이지 않게 되면 이유식을 시작하는 기준점으로 생각하고 준비를 해봅시다.

으깬 죽 한 숟가락부터 시작!

먼저 아기 전용 숟가락과 식기를 준비합니다. 숟가락은 깊이가 거의 없고, 입술에 닿을 때 위화감이 적은 소프트한 소재를 고릅니다. 하루 1회, 수유시간 전을 이유식 먹이는 시간으로 정하고 먹입니다. 음식물 알레르기 증상이 나타나더라도 의료기관을 방문하기 편한 오전중에 하는 것이 좋겠죠.

먼저, 죽(10배죽)을 으깨서 매끄럽게 만든 것을 한 숟가락 먹입니다. 아기에게 있어 처음에는 수프와 같은 매끄러운 상태의 음식물을 삼키는 것도 간단한 일이 아닙니다. 이유식을 싫어하거나 흘릴 수도 있고, 잘 진척되지 않을 수도 있습니다. 유연한 마음가짐이 필요합니다. 이유식을 먹인 뒤에는 모유나 분유를 먹고 싶어 하는 만큼 먹입니다.

죽에 익숙해졌다면 채소나 두부, 흰살생선 등 서서히 재료를 늘려가는데, 처음 시도하는 재료는 반드시 한 종류씩 한 숟가락부터 시작해서, 아기의 상태를 살피면서 양을 늘려가도록 합니다.

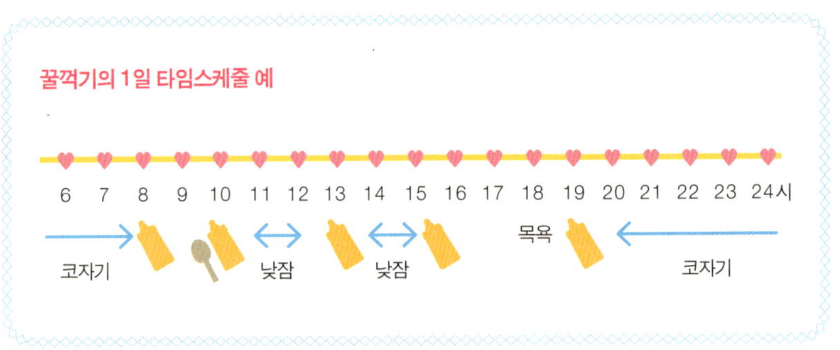

꿀꺽기의 이유식

♥ 우선은 10배죽을 으깨어 하루 1회, 한 숟가락부터 시작합니다.

♥ 죽에 익숙해졌다면 양을 서서히 늘려갑니다. 처음 먹이는 재료는 하루 한 종류를 기준으로 토마토나 시금치 등 채소를 부드럽게 데쳐서 갈아 으깬 것을 죽에 첨가합니다.

♥ 이유식을 시작하고 1개월이 지나 먹는 양이 늘어났다면 하루 2회식으로 합니다. 두부와 흰살생선 등의 단백질도 식단에 추가합니다.

먹이는 요령 : 상체를 약간 뒤로 경사지게 해서, 목 넘김을 좋게 한다

베이비 체어에 앉혀도 좋지만 처음에는 엄마도 아기도 모두 긴장하고 있습니다. 따라서 안고서 먹이는 편이 안심할 수 있겠죠. 이때 아기의 몸을 약간 뒤로 눕히면 음식물이 이동하기 쉬워집니다.

음식물은 입에 들어가면 그대로 삼킬 수 있는 매끄러운 페이스트(paste) 상태가 적당합니다. 다소 묽은 상태로 시작해서 아기 혀의 움직임의 발달에 맞춰 수분량을 줄여가도록 합니다. 음식물이 입속으로 들어가고 아기가 입을 다물었다면, 숟가락을 수평으로 빼는 것이 능숙하게 먹이는 요령입니다.

숟가락을 수평으로 뺀다

이유식이 입 속으로 들어가고 입을 다물고 나면 숟가락을 수평으로 빼냅니다. 이때 음식물을 혀로 밀어내더라도 당황하지 말고 다시 입에 넣어줍니다.

숟가락을 아랫입술에 쫑쫑 쪼아댄다

아기의 아랫입술에 숟가락 끝을 가볍게 쫑쫑 쪼아댑니다. 이것이 신호가 되어 아기는 윗입술로 이유식을 입속으로 넣습니다. 입을 다물지 않는 경우에는 아래턱을 부드럽게 밀어서 닫아줍니다.

입 속 깊이 숟가락을 넣는다

입 속 깊이 숟가락을 넣는 동작은 입술과 혀를 사용해서 음식을 목 깊숙이까지 운반하는 연습에 방해가 됩니다. 또 목에 닿으면 위험하므로 중지하세요.

아기의 윗입술에 숟가락을 밀어 붙인다.

이 시기에 아기는 음식을 입 속에 넣고서 삼키는 위치까지 옮기는 연습을 하고 있습니다. 윗입술에 숟가락을 밀어 붙이면 이 연습이 되지 않으니 주의하세요.

1회분의 양은 어느 정도?

꿀꺽기의 조리 포인트

1 걸쭉한 수프 상태를 만든다

채소는 부드러워질 때까지 삶아서 수프같이 걸쭉하게 하여 목넘김이 쉬운 상태로 만듭니다.

2 재료의 맛을 살린다

이유식은 엷은 맛이 원칙입니다. 이유식을 시작할 때에는 맛을 낼 필요가 없습니다. 가능하면 재료 자체의 맛을 살릴 수 있도록 조리합니다.

3 따뜻함의 기준은 체온에 맞춘다

아기가 이제껏 먹어온 모유나 분유는 체온과 비슷한 온도였습니다. 이유식도 체온 정도의 따뜻한 상태가 먹기 편합니다.

두부 단백질
1회의 기준 ······ 10g
(사방 1cm 2개)

삶은 것을 갈아 으깨거나 체에 내려서 매끄럽게 만듭니다.

흰살생선 단백질
1회의 기준 ······ 5g
(세로 2cm × 가로 1cm × 두께 5mm 1장)

비교적 기름기가 적고 육질이 부드러운 것을 사용합니다. 삶아서 껍질과 뼈를 발라낸 후 매끄럽게 갈아 으깹니다.

감자 탄수화물
1회의 기준 ······ 5g
(두께 5mm 반달썰기 1장)

부드럽게 삶아서, 식기 전에 갈아 으깬 후 다시국물로 묽게 만듭니다.

죽 탄수화물
1회의 기준 ······ 5g
(으깬 죽 한 숟가락)

10배죽을 쑤어서(p.50) 미립을 으깹니다. 익숙해지면 입자를 거칠게 해갑니다.

당근 비타민 · 미네랄
1회의 기준 ······ 10g
(두께 7mm 반달썰기 1장)

부드럽게 익혀서 매끄럽게 갈아 으깹니다. 강판에 갈아낸 것을 익혀도 됩니다.

단호박 비타민 · 미네랄
1회의 기준 ······ 10g
(세로 5cm × 가로 3cm × 두께 5mm 1장)

껍질과 씨를 제거합니다. 부드럽게 익혀서 식기 전에 갈아 으깹니다.

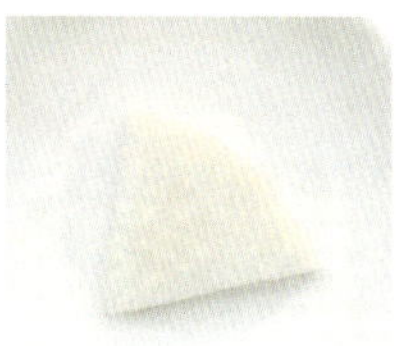

무 비타민 · 미네랄
1회의 기준 ······ 10g
(반경 2cm 부채꼴썰기 1장)

부드럽게 삶아서 식기 전에 갈아 으깹니다.

시금치 비타민 · 미네랄
1회의 기준 ······ 10g
(잎 끝부분 3cm 5장)

부드러운 잎 끝부분을 삶아서 종횡으로 잘게 썰어, 매끄럽게 갈아 으깹니다.

바나나 비타민 · 미네랄
1회의 기준 ······ 10g
(두께 7mm 둥글썰기 1장)

신선한 것을 사용합니다. 껍질을 벗기고 적당량을 갈아 으깨서 그대로 먹입니다.

사과 비타민 · 미네랄
1회의 기준 ······ 10g
(두께 5mm 빗모양썰기 1장)

강판에 갈거나 체에 내려서 부드러운 것을 그대로 먹입니다.

※ 재료의 양, 크기는 어림기준입니다. 또 각각의 주요 영양소의 1끼당 어림기준량입니다. 실제 양은 레시피를 참고하세요.

꿀꺽기의 레시피

1 우선은 소화가 잘 되는 죽 한 순가락부터

소화가 잘되는 죽부터 시작합니다. 10배죽을 더 으깨서 흐물흐물한 상태로 만드세요. 아기의 상태를 봐 가면서 조금씩 양을 늘려갑니다.

2 죽에 익숙해진 후에는 채소를 하나씩 플러스

죽에 익숙해졌다면 죽에 채소를 한 가지씩 토핑하거나 채소를 사용한 메뉴를 첨가해서 색감 좋은 식탁을 만듭니다. 아기의 식욕도 생겨날 것입니다.

3 단백질은 3~4주 후부터

개인차는 있지만 두부는 3주 무렵부터, 흰살생선은 4주 무렵부터 먹일 수 있습니다. 또한 이유식을 시작한 지 1개월이 지난 무렵부터 2회식으로 진행합니다.

당근 미음

식단 예
10배죽
(p.50)

재료
당근 … 10g
다시국물 … 1큰술

만드는 법
❶ 당근은 부드럽게 삶아서 갈아 으깬다.
❷ ①에 다시국물을 더해서 묽게 만든다.

10배죽에 토핑

10배죽에 익숙해졌다면
이제 죽에 채소와
흰살생선 으깬 것 등을
하나씩 플러스하면 됩니다.
아기의 미각을 조금씩 넓혀줍시다.

두부 미음 조리시간 10분

재료
두부 … 10g
토마토 과즙(체에 내려 껍질과 씨를 제거) … 1작은술

만드는 법
❶ 두부에 랩을 씌워 전자레인지에 약 20초 가열한 후 갈아 으깬다.
❷ ①에 토마토 과즙을 섞어 묽게 만든다.

흰살생선 미음 조리시간 10분

재료
흰살생선 … 10g
다시국물 … 1작은술

만드는 법
❶ 흰살생선은 랩을 씌워 전자레인지에 약 20초 가열한 후 갈아 으깬다.
❷ ①에 다시국물을 섞어 묽게 만든다.

양배추 미음 조리시간 10분

재료
양배추 … 10g
다시국물 … 1작은술

만드는 법
❶ 양배추는 부드럽게 데쳐서 갈아 으깬다.
❷ ①에 다시국물을 섞어 묽게 만든다.

단호박 밀크 조리시간 10분

재료
단호박 … 10g
물에 녹인 분유 … 1큰술

만드는 법
❶ 단호박은 껍질과 씨를 제거해서 부드럽게 데친 후 갈아 으깬다.
❷ ①에 분유를 섞어 묽게 만든다.

시금치 미음 조리시간 10분

재료
시금치 잎 끝부분 … 10g
다시국물 … 1큰술

만드는 법
❶ 시금치를 부드럽게 데친 후 흐르는 물에 헹궈 떫은맛을 제거한다. 물기를 뺀 후 갈아 으깬다.
❷ ①에 다시국물을 섞어 묽게 만든다.

중기(7~8개월) : 오물오물기

이유식에 익숙해진 오물오물기에는 하루 2회식으로!

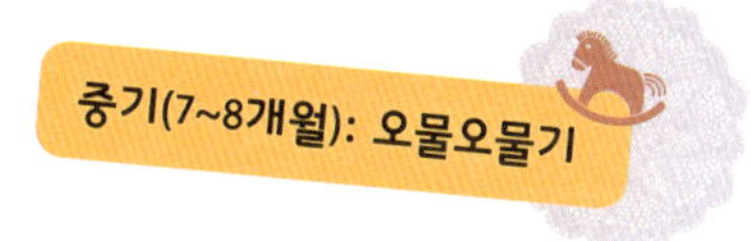

==음식물을 삼키는 것에 익숙해졌다면 이제 자그마한 덩어리에 도전합니다. 오물오물 해서 음식물을 으깨는 것을 기억하는 시기입니다.==

먹기 위한 기능이 자라나는 시기

이유식을 시작하고 약 2개월이 되었습니다. 순조롭게 진행되고 있으면 하루 2회식을 합니다. 예를 들면 오전에 1회, 저녁에 1회 이유식을 먹는 리듬이 정착됩니다. 혀를 움직여 음식물을 목 깊숙한 곳으로 운반해서 꿀꺽! 하고 삼키는 것에도 익숙해졌을 겁니다.

먹을 수 있는 재료가 늘어나므로 다양한 맛을 체험하는 것도 이 시기의 즐거움입니다. 또 엄마가 도와주면 먹는 것에 대한 흥미가 커져 다양한 동작이 가능해집니다. 입 안에서 음식물을 찌그러뜨리는 동작도 그 중 하나입니다. 매일 매일 아기의 변화를 즐기면서 진행해보세요.

꿀꺽기에는 재료를 매끄러운 상태로 만들었지만, 오물오물기에는 작은 덩어리가 있어도 혀와 윗턱을 사용해 부숴서 먹을 수 있게 됩니다. 점차 부순 음식물을 하나로 모으는 동작도 기억하기 시작하므로 삼키기 쉽도록 걸쭉하게 만드는 것도 좋습니다.

또 숟가락에 대한 흥미도 생기기 시작합니다. 아직 아기가 사용하지 못하더라도 식사 때 준비해주면 스스로 손을 뻗습니다. 유아용 컵도 준비해두고 물을 조금 담아 엄마가 먹여주세요. 이제 컵으로 마시는 것도 익숙해집니다.

입 속의 동작을 확인하면서 진행한다

이유식은 하루에 2번 먹이더라도 음식물에서 얻을 수 있는 에너지와 영양소는 아직 많지 않습니다. 때문에 이유식을 먹인 후에 곧바로 먹이는 모유나 분유는 아기가 먹고 싶어 하는 만큼 먹입니다. 그외의 수유에서는 모유는 원하는 만큼 먹여도 괜찮지만, 분유는 하루 3회를 기준으로 합니다.

꿀꺽기가 제대로 진행되지 않으면, 이유식보다 모유나 분유를 원하는 경우도 있습니다. 이럴 때에는 페이스트 상태로 되돌려서, 아기가 능숙하게 삼킬 수 있도록 도와주는 것이 좋습니다.

이런 신호를 보낸다면, 꿀꺽기에서 오물오물기로~

♥ 혀를 움직여 음식물을 입안 깊숙이 옮겨 능숙하게 꿀꺽 삼킵니다.

♥ 이유식을 시작했을 때보다 식욕이 증가하고 있습니다.

♥ 죽 이외에도 채소나 흰살생선 등 먹을 수 있는 것이 늘어납니다.

♥ 이유식 시간이 일정해졌습니다.

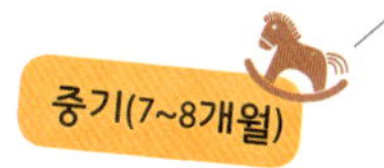

먹이는 요령 : 액체 상태의 것을 먹여서, 홀짝거리는 동작을 이끌어낸다

먹이는 방법은 기본적으로는 꿀꺽기와 같습니다. 혀는 이제 상하로 움직이게 되어, 혀를 윗턱으로 밀어붙여서 우물우물 씹을 수 있게 됩니다. 혀로 으깰 수 있는 굳기라면 덩어리가 있어도 먹을 수 있게 되므로 작은 것부터 시작해서 서서히 큰 것에 도전해봅시다. 조리에 신경을 써서, 다양한 맛과 혀에 닿는 감촉을 체험하게 해주는 것도 이 시기에 꼭 하면 좋은 일 중 하나입니다.

수프는 숟가락을 옆을 향하게 해서 먹입니다. 아랫입술 위에 올려두고 윗입술에 액체를 닿게 하면 홀짝거리는 동작이 가능해집니다. 컵으로 마시는 것은 아직 어렵지만 이 시기부터 조금씩 연습해가도록 합니다. 얕은 컵에 물을 약간 넣고 컵 가장자리를 윗입술과 아랫입술 사이에 물립니다. 물이 윗입술에 닿을 때까지 컵을 기울여 조금씩 입속으로 들어가도록 도와줍니다.

OK

아랫입술에 숟가락을 얹었다 빼낸다

숟가락 앞부분에 음식물을 올려놓습니다. 아기의 아랫입술에 숟가락을 얹고 윗입술로 입 안으로 음식물을 밀어넣기를 기다리세요. 밀어넣었다면 숟가락을 뺍니다.

베이비체어에서 느긋하게 식사를 즐긴다

혼자서 앉을 수 있게 되었다면 베이비체어를 사용하세요. 발이 바닥이나 의자의 보조판에 닿을 수 있도록 앉힙니다. 안정된 자세를 취하면 턱과 혀에 힘이 들어갑니다.

NG

엄마의 페이스로 음식물을 입속에 넣는다

엄마의 페이스가 아니라 아기의 상태를 보면서 먹이세요. 아기는 음식물이 입속에 들어오면 여러 차례 오물오물을 반복합니다. 다음 한 숟가락은 아기의 입 안이 비었을 때 먹입니다.

숟가락을 혀의 중앙보다 깊이 넣는다

숟가락을 깊숙이 밀어넣어버리면 음식물을 씹기 어려울 뿐 아니라 숨이 막혀 위험하므로 숟가락을 혀 중앙보다 깊숙이 넣는 행동은 주의하세요.

1회분의 양은 어느 정도?

오물오물기의 조리 포인트

1 어른 손가락으로 으깰 수 있을 정도의 굳기로~

재료의 형태를 남길 수 있도록 꿀꺽기보다 약간 단단하게 삶습니다.
힘 들이지 않고도 으깰 수 있는 두부 정도의 굳기가 좋습니다.

2 작은 덩어리를 의식하며 조리한다

재료를 다진다고 생각하면 됩니다. 아기가 혀와 윗턱을 사용해 으깰
수 있다면, 조금씩 덩어리를 크게 해서 조리합니다.

3 다양한 재료를 추가한다

닭가슴살이나 다양한 채소, 해조류, 과일 등을 먹을 수 있게 됩니다.
아기가 거부감 없이 삼킬 수 있도록 섬유질이 많은 채소나 해초 등은
잘게 썰어서 조리합니다.

요구르트 단백질

1회의 기준 ····· 50g (3큰술)

이제 유제품도 먹을 수 있습니다. 설탕이 들어가지 않은 플레인 요구르트를 그대로 먹입니다.

달걀 단백질

1회의 기준 ····· 15g (전란 1/3개)

처음에는 완숙 노른자를 먹입니다. 익숙해진 후에는 흰자를 먹여도 좋은데, 완전히 익혀주세요.

흰살생선 단백질

1회의 기준 ····· 10g
(세로 3cm × 가로 3cm × 두께 5mm 1장)

삶아서 껍질과 뼈를 제거하고, 갈아 으깨거나 거칠게 발라냅니다.

닭가슴살 단백질

1회의 기준 ····· 10g (1/5개)

삶은 것을 으깹니다. 얼린 살을 강판에 갈아서 조리하면 매끄럽게 완성됩니다.

감자 탄수화물

1회의 기준 ····· 20g
(두께 5mm 반달썰기 4장)

부드러워질 때까지 삶아서 작은 덩어리가 남을 정도로 으깨세요.

죽 탄수화물

1회의 기준 ····· 70g (5큰술)

7배죽을 끓입니다(p.51). 익숙해질 때까지는 가볍게 으깨도 괜찮습니다. 상태를 보면서 진행하세요.

단호박 비타민 · 미네랄

1회의 기준 ····· 20g
(세로 5cm × 가로 3cm × 두께 5mm 2장)

껍질과 씨를 제거합니다. 부드럽게 삶아서 식기 전에 거칠게 으깹니다.

당근 비타민 · 미네랄

1회의 기준 ····· 20g
(두께 7mm 둥글썰기 1장)

부드럽게 삶아서 거칠게 으깨거나 잘게 다집니다.

시금치 비타민 · 미네랄

1회의 기준 ····· 20g
(잎 끝부분 3cm 10장)

부드러운 잎 끝부분을 사용합니다. 데쳐서 으깨거나 작은 형태가 남을 정도로 잘게 다집니다.

바나나 비타민 · 미네랄

1회의 기준 ····· 20g
(두께 7mm 둥글썰기)

껍질을 벗기고 적당량을 갈아 으깨거나 거칠게 으깹니다. 물론 가공하지 않은 자체로도 요리에 사용 가능합니다.

※ 재료의 양, 크기는 어림기준입니다. 또 각각의 주요 영양소의 1끼당 어림기준량입니다. 실제 양은 레시피를 참고하세요.

오물오물기의 레시피

하루 2회 먹이는 것이니 가능하면 각각 다른 식단을 준비하세요.
재료의 조합과 맛내기에 신경을 쓰시는 게 좋습니다.

1 재료에 신경을 써서 균형 잡힌 식단으로

먹는 양이 늘어나므로 탄수화물(죽이나 빵죽), 단백질(생선이나 두부), 비타민·미네랄(채소)의 균형에 신경을 써 주세요. 죽에 채소를 토핑해도 좋겠죠~.

2 조금씩 맛내기의 폭을 넓혀 풍미 넘치게

다시국물과 수프 이외에도 화이트소스나 토마토소스 등을 사용해서 맛내기에 변화를 줄 수 있습니다. 맛이나 풍미를 바꾸는 것으로 식사에 관한 흥미를 이끌어보세요.

3 하루 2회식으로! 다채로운 메뉴를!

메뉴가 바뀌지 않으면 아기도 싫증을 냅니다. 먹을 수 있는 재료가 늘어나므로 하루 1종류, 상태를 관찰하며 새로운 재료에 도전하거나 요리의 온도나 모양 등을 연구해서 다채로운 메뉴를 만들어보세요.

참치 토마토 무침

식단 예
7배죽
(p.51)

재료
참치 통조림 … 2작은술
토마토(팔팔 끓는 물에 살짝 데쳐서
껍질과 씨를 제거한 후 체에 내리기) … 2큰술

만드는 법
❶ 참치를 발라내 토마토와 섞어준다.

7배죽에 재료
한가지씩 플러스

죽에 채소나 생선 등
재료 한 가지를 플러스하면
영양만점 레시피 OK!
죽과 따로따로 먹이는 것은 물론
섞어서 주어도 좋습니다.

달걀 샐러드 조리시간 10분

재료
삶은 달걀 … 1/3개
브로콜리의 꽃 끝부분(부드럽게 데쳐서
으깨기) … 1큰술

만드는 법
❶ 삶은 달걀을 다진다.
❷ 달걀과 브로콜리를 잘 섞는다.

흰살생선 감자 무침 조리시간 15분

재료
흰살생선 … 15g
감자(부드럽게 삶아서 갈아 으깨기) …
1큰술
물에 녹인 분유 … 1큰술

만드는 법
❶ 흰살생선은 랩을 씌워 전자레인지에
약 20초 가열한다.
❷ 흰살생선과 감자를 잘 버무리고, 분
유를 첨가해 묽게 만든다.

연어 조림 조리시간 10분

날연어 … 15g
강판에 간 무 … 20g

만드는 법
❶ 연어는 다져서, 강판에 간 무와 버무린다.
❷ 내열 용기에 담아 랩을 씌워서 전자레인지에 약 20초 가열한다.

밀기울 시금치 조림 조리시간 10분

재료
밀기울가루 … 2g
시금치(부드럽게 데쳐서 다지기) … 1큰술
다시국물 … 1큰술

만드는 법
❶ 밀기울 가루는 물에 담가 불린다.
❷ 밀기울, 시금치, 다시국물을 내열 용기에 넣어 랩을 씌워 전자레인지에 약 30초 가열한다.

간 바나나 버무리 조리시간 10분

재료
닭 간 … 15g
바나나 … 20g

만드는 법
❶ 닭 간은 삶아서 체에 내린다.
❷ 바나나는 거칠게 으깨서 ①과 버무린다.

9~11
month
후기(9~11개월) : 냠냠기

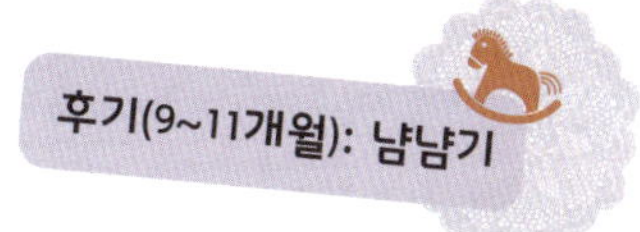

냠냠기에는 앞니로 씹어서 자를 수 있어

이제 잇몸으로 음식물을 씹어서 먹을 수 있게 됩니다.
하루 3회 이유식을 먹을 수 있게 되어 어른들과 식사를 할 기회가 늘어납니다.

아기와 식탁에 둘러 앉아 즐겁게 식사를~

생후 9개월 무렵부터는 하루 3회식을 시작합니다. 아침, 점심, 저녁으로 이유식을 먹이게 되므로 엄마 아빠가 함께 식사를 할 기회를 만들어보세요. 즐거운 분위기에서 식사를 하면서 커뮤니케이션하는 것이 중요합니다.

이제 잇몸으로 으깰 수 있는 굳기의 음식을 먹을 수 있습니다. 오물오물기보다 먹을 수 있는 재료의 폭이 훨씬 넓어지므로 어른 식사 중에서 엷은 맛에 부드러운 음식이라면 아기에게 나누어 먹여도 됩니다. 엄마 아빠와 같은 음식을 먹고, 맛을 공유하는 것은 아기에게 있어 매우 기쁜 일입니다. 식욕을 촉진시키기 위해서도 즐거운 식탁 만들기에 신경쓰시기 바랍니다.

손으로 쥐고 먹기는 스스로 먹으려는 의욕의 표시

이 시기의 큰 특징은 스스로 먹으려는 의욕이 솟아난다는 것입니다. 손으로 쥐고 먹을 수 있는 음식을 준비해주면 스스로 손으로 집어서 입으로 가져가게 됩니다. 아기는 음식물의 형태와 감촉을 손가락으로 확인하므로 이 행위를 무턱대고 금지해서는 안 됩니다. 단 장난치며 먹는 행위도 활발해지므로, 먹을 마음이 있는지를 꿰뚫어보고 먹을 마음이 없을 때에는 "잘 먹었습니다"라고 식사를 마치는 것도 가르쳐주세요.

9개월 이후에는 엄마 뱃속에 있을 때 받은 영양소, 특히 철분이 줄어드는 시기이므로 붉은살코기나 생선, 간 등 철분이 풍부한 재료를 식단에 추가해야 합니다. 또 생우유를 먹일 수 있는 건 1세 이후부터지만, 조리에 사용하는 건 1세 이전에도 가능합니다. 단 생우유에는 철분이 거의 함유되어 있지 않기 때문에 유아용 분유나 성장기 분유를 사용하면 철분을 보충할 수 있습니다.

"손으로 쥐고 먹게 하고는 싶지만 매일 뒷정리가 큰일이라서…"라며 고민하는 엄마도 많겠죠. 그런 때에는 '마음껏 더럽혀도 좋은 환경'을 만들어주세요. 아기에게 턱받이를 둘러주는 것은 물론, 테이블 아래에 신문지나 비닐시트를 깔아두는 등 미리 준비를 해보세요. 또 손으로 잡기 편하게 밥은 작은 주먹밥으로 만들고, 데친 채소는 스틱 상태로 자르는 등 방법은 아주 많답니다.

먹이는 요령 : 냠냠 소리를 내며 먹을 수 있도록 말을 걸어주면 좋아

엄마도 "냠냠~" 소리를 내면서 잇몸으로 씹는 것을 가르쳐주세요. 뱉어버리거나 씹지 않고 통째로 삼켜버리는 것은 덩어리의 크기나 굳기가 적당하지 않

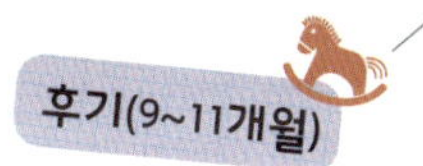

아서인 경우가 많으므로 아기가 편하게 먹을 수 있는 방법을 생각해보세요.

손으로 쥐고서 먹고 싶어 할 때에는 소량을 덜어주고 자유롭게 둡니다. 국물 요리 등 엎지르기 쉬운 음식은 약간 떨어진 곳에 두세요.

이제는 혀가 좌우로 움직일 수 있게 됩니다. 음식물을 잇몸으로 보내서 으깨거나 앞니로 갉아서 먹을 수 있게 되므로, 약간 큰 고기경단 등 씹어서 자를 수 있는 음식도 식단에 추가해보세요.

숟가락이나 컵도 스스로 다루고 싶어 하는 시기랍니다. 실패하더라도 편안한 마음으로 지켜봐주며, 의욕을 기를 수 있게 도와주세요.

OK

식사는 전부 꺼내 아기의 의사에 맡긴다

식사는 메뉴 하나씩이 아니라 전부를 한꺼번에 꺼냅니다. 이유식에 손을 뻗는 일이 늘어나므로 손으로 잡기 편한 음식물을 놓아주면 먹을 의욕이 생겨나겠죠?

아기용 의자를 식탁에 세팅한다

스스로 먹는 행위가 시작되므로 테이블에 아기의 손이 닿도록 전용 의자를 세팅합니다. 약간 앞으로 기울어지는 자세를 취할 수 있게 도와주세요.

NG

딱딱한 음식을 준다

냠냠 씹어서 먹고 있는 것처럼 보이지만 아직 딱딱한 음식을 입 안에서 갈아서 으깨지는 못합니다. 입에서 음식을 뱉어낼 때에는 너무 딱딱해서인 경우가 많으므로 주의하세요.

손으로 쥐고 먹기를 금지한다

손으로 쥐고 먹는 행위를 금지하는 것은 피해주세요. 자꾸 못하게 하면 아이는 스스로 손을 뻗지 않고 엄마가 먹여줄 때까지 기다리게 됩니다.

1회분의 양은 어느 정도?

약간 굳은 음식도 잇몸으로 씹어서 먹을 수 있게 됩니다.
먹고 싶어 하는 감정을 키워주는 것도 아주 중요한 일입니다.

냠냠기의 조리 포인트

1

재료의 굳기는 바나나를 기준으로

혀를 능숙하게 사용해 딱딱한 것을 잇몸으로 운반할 수 있게 됩니다. 재료의 굳기는 바나나 정도를 기준으로 하여 약간 큰 덩어리도 섞어서 진행하시기 바랍니다.

2

재료는 아기의 발달에 맞춘 굳기와 크기로

재료의 굳기나 크기가 아이의 발달에 맞지 않으면 통째로 삼켜버리는 경우가 있습니다. 제대로 씹고 있는지 확인해서 조정하세요.

3

어른 식사를 덜어서 먹는 것도 가능

부드럽게 삶은 것 등 어른 식사 중 아이가 먹을 수 있는 음식들이 늘어납니다. 양념을 약하게 해서 같은 음식을 함께 드시기 바랍니다.

흰살생선 단백질

1회의 기준 ······ 15g
(세로 2cm × 가로 1cm × 두께 5mm 2장)

삶아서 껍질과 뼈를 제거한 후 사방 5~8mm로 자릅니다.

달걀 단백질

1회의 기준 ······ 25g
(전란 1/2개)

완숙합니다. 노른자 흰자를 다 먹을 수 있게 되었다면 마요네즈를 사용해도 좋습니다.

연어 단백질

1회의 기준 ······ 15g
(세로 4cm × 가로 3cm × 두께 7mm 1장)

흰살생선에 익숙해졌다면 붉은살 생선을 먹입니다. 연어는 절이지 않은 날연어를 사용합니다. 삶아서 껍질과 뼈를 제거해 발라냅니다.

낫또 단백질

1회의 기준 ······ 10g
(1/5팩)

삶거나 뜨거운 물을 끼얹어서 점성을 제거한 후 다집니다.

감자 탄수화물

1회의 기준 ······ 30g
(두께 5mm 반달썰기 6장)

부드럽게 삶아서 두께 5mm로 자릅니다.

죽 탄수화물

1회의 기준 ······ 90g
(1/2컵)

5배죽(p.51)을 쑵니다. 5배죽에서 조금씩 진밥으로 길들여갑니다.

당근 비타민 · 미네랄

1회의 기준 ······ 30g
(두께 7mm 둥글썰기 3장)

손가락으로 으깰 수 있을 정도의 굳기로 삶아서 사방 5~6mm로 자릅니다.

단호박 비타민 · 미네랄

1회의 기준 ······ 30g
(세로 5cm × 가로 3cm × 두께 5mm 3장)

껍질과 씨를 제거한 후 부드럽게 삶아서 사방 5~6mm로 자릅니다.

시금치 비타민 · 미네랄

1회의 기준 ······ 30g
(잎 끝부분 3cm 15장)

부드러운 잎을 데쳐서 섬유질이 남지 않도록 잘게 썹니다. 약간 씹는 맛이 느껴질 정도면 됩니다.

바나나 비타민 · 미네랄

1회의 기준 ······ 30g
(두께 7mm 둥글썰기 3장)

적당량을 으깨서 그대로 먹입니다.

※ 재료의 양, 크기는 어림기준입니다. 또 각각의 주요 영양소의 1끼당 어림기준량입니다. 실제 양은 레시피를 참고하세요.

냠냠기의 레시피

1

3회식의 영양 밸런스

3회식을 하게 되면 이제 이유식에서 에너지나 영양소의 대부분을 얻게 됩니다. 먹을 수 있는 재료의 종류도 늘어나므로, 다양한 재료나 맛을 체험시켜주면서 균형 잡힌 영양식단에 신경을 쓰시기 바랍니다.

2

철분이 부족해지기 쉬우므로 붉은살생선 등을 메뉴에

9개월 무렵부터 철분이 부족해지기 쉽습니다. 붉은살생선과 육류, 간 등 철분이 풍부한 재료를 적극적으로 메뉴에 추가해보세요. 어른 식사를 맛을 엷게 만들어서 덜어 먹여도 괜찮습니다.

3

색채가 풍부한 요리로 식욕을 이끌어내자

대부분의 채소를 먹을 수 있게 됩니다. 그 외에도 먹을 수 있는 재료들이 많아지므로 풍부한 색채의 조리가 쉬워집니다. 영양의 균형을 맞추는 의미에서도 색채에 신경을 써서 메뉴를 생각해보세요.

연어 앙카케

재료

날연어 … 15g
당근(부드럽게 삶아서 강판에 갈기) … 1작은술
다시국물 … 2큰술, 물에 녹인 전분 … 약간

만드는 법

❶ 연어는 사방 5~8mm로 잘라 랩을 씌워서 전자레인지에 약 15초 가열한다.
❷ 작은 냄비에 당근과 다시국물을 넣고 약한 불에 끓인다.
❸ ②에 물에 녹인 전분을 넣어 원을 그리듯 저어서 걸쭉해지면 그릇에 담은 ①에 얹어준다.

양파 두부 수프

재료

양파 … 5g
두부 … 5g
다시국물 … 2큰술

만드는 법

❶ 양파와 두부는 잘게 썬다.
❷ 작은 냄비에 ①과 다시국물을 넣고 양파가 부드러워질 때까지 익힌다.

1주일 식단의 예

	아침	점심	저녁
월	당근 치즈 샌드위치(p.111) 토마토 오이 샐러드(p.129)	5배죽(p.51) 두부 미역국(p.203)	완탕(p.171) 연어 볶음밥(p.183)
화	바나나 크레이프(p.189) 오렌지주스(과즙100%)	샐러드 우동(p.116) 단호박 요구르트 무침(p.131)	흰살생선 리조또(p.178) 채소수프(p.48)
수	차킨시보리 주먹밥 (p.195) 두부 미역국(p.203)	양배추 전(p.138) 고기경단 수프(p.170) 과일	5배죽(p.51) 참치 오크라 무침(p.180) 토마토 오이 샐러드(p.129)
목	바나나 찐빵(p.158) 채소수프(p.48)	5배죽(p.51) 달걀고명 얹은 낫또(p.202) 시금치 감자 무침(p.126)	5배죽(p.51) 돼지고기 빵가루 구이 (p.162) 채소수프(p.48)
금	고모쿠 우동(p.116) 과일	연어 볶음밥(p.183) 구운 사과(p.152)	5배죽(p.51) 브로콜리 감자 매시(p.144) 돼지고기 토마토 찜(p.164)
토	토스트 과일	당근 치즈 샌드위치(p.111) 고구마 과일 샐러드(p.146)	5배죽(p.51) 돼지고기 샤브(p.163) 토란 된장 구이(p.149)
일	치즈 토스트 오렌지주스(과즙100%)	소면 전(p.119) 우유	5배죽(p.51) 시금치 감자 무침(p.126) 애플 포크(p.162)

간식의 역할

간식은 중요한 에너지원이자 '4번째 식사' 입니다~.
영양소의 균형은 물론 계절감을 곁들이고, 즐거움도 플러스하세요.

아직 아기는 위가 작고 소화기관도 미숙합니다. 세 번의 식사만으로는 필요한 에너지를 얻기 어렵습니다. 부족한 에너지와 수분을 보충하는 데 있어 간식이 중요한 역할을 한답니다. 간식도 식사의 일부인 거죠. 간식시간이 즐거울 수 있도록 신경을 써 주세요.

간식은 생후 9개월 무렵부터 시작할 수 있습니다. 1~2세는 1~2회, 오전 10시 무렵과 오후 3시 무렵에, 3~5세는 오후 1회, 3시 무렵에 주는 것이 일반적입니다. 가능하면 시간을 정해놓고 주도록 합니다. 간식에는 주먹밥이나 비스킷 등 에너지로 바뀌기 쉬운 곡류나 당질이 적합합니다.

한 종류만이 아니라 제철과일과 채소, 유제품 등 여러 종류를 조합하면 영양 밸런스를 맞출 수 있어 즐거움도 배가 됩니다. 수분 보충에는 우유나 보리차 등 달지 않은 것으로 추천합니다.

• **가능하면 손수 만들어서** : 유제품이나 과일, 감자, 두부 등이 좋습니다. '주먹밥 · 과일 · 보리차' 등 여러 종류를 조합시키면 영양 밸런스를 맞출 수 있습니다. 가능하면 직접 만들 수 있는 간식을 연구해보세요.

• **식사 2~3시간 전에 먹이도록** : 간식은 다음 식사에 영향을 주지 않도록 양과 먹는 시간을 조정하는 것이 중요합니다. 식사 2~3시간 전에 1회분의 양을 나눠, 지나치게 많이 먹지 않도록 하세요.

• **간식은 필요한 식사의 일부분** : 간식은 식사의 일부입니다. 세 번의 식사에 잘 등장하지 않는 식품을 이용하세요. 1~2세 아기의 간식 적량은 1일 에너지 섭취량의 10~15%, 100~150kcal 정도입니다.

12~18 month

완료기(1세~1세반): 아삭아삭기

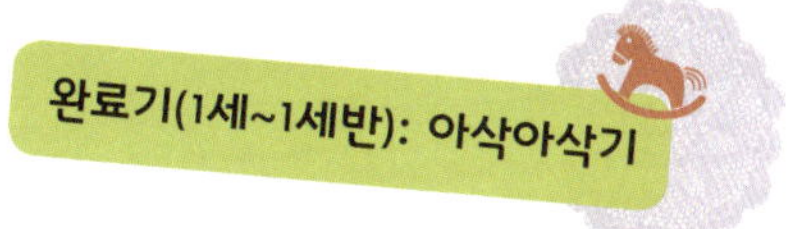

아삭아삭기에는 하루 3끼를~

손으로 쥐고 먹는 활동이 점점 왕성해집니다.
이제 숟가락이나 포크를 사용해서 먹는 것도 가능해집니다.

엄마가 먹여주는 식사에서 아기가 스스로 먹는 식사로

손으로 쥐고 먹기가 한층 수월해지고 있습니다. 큼지막하게 자른 음식물도 앞니를 사용해서 한 입 크기로 잘라 잇몸으로 꼭꼭 씹어 먹을 수 있게 됩니다. 엄마가 먹여주는 식사에서 본인이 직접 먹는 식사로 바뀌어가는 중요한 시기입니다. 뒤처리는 좀 성가시지만 먹고자 하는 의욕이 있다면 자유롭게 먹게 해주세요. 식사의 리듬이 어른과 같아지므로, 부모와 아이가 함께 식탁에 둘러앉아 식사예절을 가르치면서 즐겁게 식사를 하는 게 좋습니다.

1세 무렵이 되면 턱에 힘이 붙어 냠냠기보다도 약간 딱딱한 음식물을 씹어서 으깰 수 있게 됩니다. 먹을 수 있는 재료도 한층 늘어나고 필요한 에너지나 영양소의 대부분을 음식물에서 얻을 수 있습니다. 그만큼 영양의 균형을 고려하여 좋은 식단을 짜야 합니다. 아직 신체는 발달단계이므로 염분이나 지방분을 피한 식사를 염두에 두는 것도 중요합니다.

간식도 중요한 영양소~ 간식도 보조 식사!

'이유식' 하면 모유나 분유를 그만두는 것이라 생각하는 경향이 있는데 그렇지 않습니다. 이유식은 에너지나 영양소의 대부분을 모유나 분유 이외의 음식물에서 섭취할 수 있게 된 상태를 말하는 것이므로, 아기가 모유를 원한다면 먹여주세요. 분유는 1세 무렵부터 생우유로 바꾸고 컵으로 마시는 훈련을 시작하세요.

3회식만으로 부족한 듯싶으면 아침식사, 점심식사 시간 사이에 에너지나 영양소를 보충하기 위한 간식을 먹이세요. 아침식사와 점심식사의 상태를 보면서 메뉴와 양을 신경씁니다. 아침식사나 점심식사의 진도가 잘 나가지 않으면, 간식으로 주먹밥이나 샌드위치 등 에너지가 되는 것을 준비합니다. 음식의 모양을 변형시켜 식욕을 끌어내는 것도 좋은 방법입니다.

1세가 넘었는데도 스스로 먹고 싶어 하지 않는다면 아이가 음식물과 접할 수 있는 환경을 만들어주세요. 이유의 완료는 1세~1세반을 기준으로 하고 있으나, 각자에게 맞는 페이스로 진행해가면 됩니다. 다음 단계로 나아가는 데에 급급하기보다 먹는 것에 대한 의욕을 충분히 불러일으키도록 하세요.

숟가락이나 포크도 사용하게 되지만, 이 시기에는 아직 수저를 위에서 쥐는 방법이 일반적입니다. 어른과 마찬가지로 아래에서 쥘 수 있으려면 아직 시간이 필요합니다.

먹이는 요령 : 하지 못하는 것을 할 수 있게 도와준다

음식물을 손으로 움켜쥐고서 크기나 형태, 어느 정도의 힘으로 움켜쥐면 좋은 가를 확인할 수 있는 기회를 많이 갖게 해주세요. 밥을 주먹밥으로 만든다거나 빵이나 채소를 잡기 편한 크기로 잘라서 주는 등 조리에 신경을 써서 아이 전용 식기에 담습니다. 국물요리는 흘려도 괜찮도록 식기에 약간만 담습니다. 먹는 방법은 아이의 자유에 맡기지만 입 속에 음식물을 지나치게 많이 밀어 넣을 때나 숟가락으로 뜨거나 포크로 찌를 때, 앞니로 한 입 크기의 양으로 갉아 먹으려 할 때에는 도와주세요. 또 식사시간에 뱃속을 비워두게 하면 자발적으로 먹는 행동으로 이어집니다.

이제 혀도 턱도 자유롭게 움직일 수 있습니다. 어금니도 자라기 시작하므로 음식물을 씹어서 으깰 수 있게 됩니다.

몸은 똑바로! 팔꿈치가 테이블에 닿을 정도의 높이가 기준

발바닥이 바닥 또는 보조판에 닿는 상태로 등을 쭉 펴고 앉을 수 있도록 의자를 조절합니다. 팔꿈치가 테이블에 닿을 정도의 높이가 기준이 됩니다.

식사에 흥미를 갖는 환경 만들기

"이건 싫어!" "저게 먹고 싶어!" 점점 자기의 식이 자라나는 시기입니다. 우선 아이의 반응에 대해 이해해주며, "어느 걸 먼저 먹을까?" "맛있지?" 등의 말을 건네면서 식사에 흥미를 갖게 하는 방법을 생각해보세요.

밥상머리 예절만 따진다

손으로 쥐고 먹기에 한창 흥미를 붙인 이 시기에는 스스로 먹고자 하는 의욕을 충분히 이끌어내는 것이 중요해서, 엄한 예절교육은 역효과입니다. 테이블에 수저나 젓가락을 꺼내 놓으면 흥미를 갖고 사용합니다.

아이의 성장에 맞지 않는 식기를 사용한다

무겁다, 속이 깊다, 쥐기 불편하다… 등 아이에게 맞지 않는 식기를 사용하면, 먹고자 하는 의욕이 후퇴합니다. 컵을 사용하게 되므로 분유병은 이제 그만 사용하세요.

1회분의 양은 어느 정도?

아삭아삭기의 조리 포인트

1 재료를 조금씩 크게 만들어간다

앞니로 씹어서 자를 수 있으므로 재료를 조금씩 크게 자릅니다. 어금니가 자라는 상태에 맞춰 냠냠기보다 조금 단단하게 요리하세요.

2 손으로 쥐고 먹기 편한 조리를

손으로 쥐고 먹는 행위가 왕성해집니다. 주먹밥이나 데친 채소스틱 등 손으로 쥐기 편하고 앞니로 갉아먹기 쉽게 조리에 신경을 써 보세요.

3 엷은 맛을 내면서도 맛에 변화를

간장, 된장, 참기름 등의 조미료를 소량 사용해서, 엷은 맛을 내면서도 맛에 변화를 줍니다. 그리고 다양한 맛이 존재한다는 것을 가르쳐주세요.

코티지치즈 단백질

1회의 기준 ······ 15g
(1큰술).

저지방에 담백한 맛 그대로 사용하는 것이 편리합니다. 채소나 과일과 조합해보세요.

흰살생선 단백질

1회의 기준 ······ 20g (세로 3cm × 가로 3cm × 두께 5mm 2장)

삶아서 껍질과 뼈를 제거하고 한 입 크기로 자릅니다. 생선의 섬유질을 느낄 수 있을 정도로~.

돼지 넓적다리살 단백질

1회의 기준 ······ 20g
(1큰술강)

지방질은 제거합니다. 고기는 완전히 익혀서 잘게 자릅니다.

달걀 단백질

1회의 기준 ······ 25g
(전란 1/2개)

완숙합니다. 오믈렛이나 달걀말이 등 가열하는 요리라면 폭 넓게 사용 가능합니다.

감자 탄수화물

1회의 기준 ······ 40g
(두께 5mm 반달썰기 8장)

포크가 쑥! 통과할 정도의 굳기로 삶아서 사방 7~8mm로 자릅니다.

진밥 탄수화물

1회의 기준 ······ 90g
(1/2컵)

진밥(p.51)에서 조금씩 일반 밥으로 진행합니다. 이 경우 물을 약간 많이 넣어 부드럽게 짓습니다.

당근 비타민 · 미네랄

1회의 기준 ······ 40g
(두께 7mm 둥글썰기 4장)

포크가 쑥! 통과할 정도의 굳기로 삶아서 한 입 크기로 자릅니다.

단호박 비타민 · 미네랄

1회의 기준 ······ 40g
(세로 5cm × 가로 3cm × 두께 7mm 4장)

껍질과 씨를 제거하고, 포크가 쑥! 통과할 정도의 굳기로 삶아서 사방 7~8mm로 자릅니다.

시금치 비타민 · 미네랄

1회의 기준 ······ 40g
(잎 끝부분 3cm 20장)

섬유질을 느낄 수 있을 정도로 부드럽게 데쳐서 폭 1cm 정도로 자릅니다.

바나나 비타민 · 미네랄

1회의 기준 ······ 40g
(두께 7mm 둥글썰기)

먹기 편한 크기로 썰어서 그대로 먹입니다.

※ 재료의 양, 크기는 어림기준입니다. 또 각각의 주요 영양소의 1끼당 어림기준량입니다. 실제 양은 레시피를 참고하세요.

아삭아삭기의 레시피

이제 아기는 3회의 식사, 1~2회의 간식에서 에너지와 영양소를 얻습니다.
아이 스스로 먹기 편한 식단, 균형잡힌 식단을 짜보세요.

1 밥, 반찬, 국 3식으로~

밥, 반찬, 국을 번갈아가며 먹게 합니다. 반찬의 맛을 밥으로 리셋시킬 수가 있어 반찬 본래의 맛을 즐길 수 있습니다. 또 반찬을 과도하게 먹는 게 원인이 되는 단백질과 지방의 과잉섭취를 막을 수 있습니다.

2 서양식보다 우리식 식단으로~

서양식보다 우리식 식단이 염분이나 지방분을 억제시키기 쉬워서 아이는 물론 어른의 몸에도 좋습니다. 가능하면 온 가족이 둘러앉아 즐거운 분위기에서, 같은 음식을 먹을 수 있으면 좋겠죠.

3 식욕을 관찰하면서 간식에도 신경을

아기도 어른과 마찬가지로 식욕에 기복이 있습니다. 상황에 맞게 간식 식단이나 재료에 신경을 쓰면 식욕이 생기기 쉬워 영양 밸런스도 갖춰집니다. 3끼 식사에서 다룰 수 없었던 재료를 사용하는 것도 현명한 방법입니다.

식단 예
진밥
(p.51)

돼지고기 채소 볶음

재료

돼지 넓적다리살(다지기) … 1큰술강
토마토, 가지(껍질을 벗겨 다지기) … 1큰술
물 … 2큰술, 샐러드유 … 약간

만드는 법

❶ 프라이팬에 샐러드유를 두르고 돼지 넓적다리살, 토마토, 가지를 볶는다.
❷ 돼지고기가 완전히 익으면 분량의 물을 붓고 2~3분 익힌다.

채소 3종수프

재료

양배추, 당근, 양파(잘게 썰기) … 각 1작은술
채소수프 … 3큰술

만드는 법

❶ 작은 냄비에 재료를 모두 넣고 채소가 부드러워질 때까지 익힌다.

1주일 식단의 예

	아침	점심	저녁
월	에그 토스트(p.111) 우유 과일	주먹밥 된장국 슬라이스 토마토	진밥(p.51) 돼지고기 채소 구이(p.165) 된장국
화	바나나 토스트(p.159) 배추 에그 스크램블(p.141) 채소수프(p.48)	진밥(p.51) 양배추 당근 샐러드(p.138) 토란 된장 구이(p.149)	진밥(p.51) 브로콜리 잔멸치 앙카케(p.135) 중화풍 완자(p.172)
수	피자 토스트(p.112) 토마토 젤리(p.129)	진밥(p.51) 마파 잡채(p.171) 채소수프(p.48)	연어 토마토 뇨키(p.185) 채소수프(p.48)
목	토스트 과일 우유	주먹밥 단호박 돼지고기 소테(p.132)	진밥(p.51) 당근 볶음(p.123) 참치 샐러드(p.184)
금	참치 샐러드(p.184) 에그 토스트(p.111)	진밥(p.51) 치즈 얹은 튀김두부(p.102) 채소수프(p.48)	진밥(p.51) 햄버거(p.172) 채소수프(p.48)
토	프렌치 토스트(p.112) 우유 과일	진밥(p.51) 중화풍 완자(p.172) 채소수프(p.48)	진밥(p.51) 콘소스 얹은 흰살생선(p.103) 당근 볶음(p.123)
일	참치 밀크 파스타(p.185) 단호박 치즈 구이(p.132)	에그 토스트(p.111) 고구마 맛탕(p.102)	진밥(p.51) 전골냄비풍(p.203) 채소수프(p.48)

간식 레시피

찐고구마

조리시간 15분

재료

고구마 … 50g

만드는 법

❶ 고구마는 부드러워질 때까지 쪄서 사방 5~6mm로 자른다.

주먹밥

조리시간 5분

재료

진밥 … 50g
김 … 적당량

만드는 법

❶ 진밥을 동그랗게 말아 작은 주먹밥을 만든다.
❷ 주먹밥에 작게 자른 김을 붙인다.

★ 김으로 주먹밥을 말면 이로 자르지 못하므로 김을 작게 잘라서 붙여주세요.

바나나 크레이프

조리시간 5분

재료

바나나 … 20g
콘프레이크 … 1큰술
플레인 요구르트 … 2큰술

만드는 법

❶ 바나나를 잘게 썬다.
❷ 바나나와 콘프레이크를 섞어 플레인 요구르트를 얹는다.

9~11개월

감자전

조리시간 15분

재료

감자(강판에 갈기) … 3큰술
밀가루 … 1작은술
햄(삶아서 다지기) … 1작은술
샐러드유 … 약간

만드는 법

❶ 감자와 밀가루를 잘 섞은 후 햄을 넣는다.
❷ 프라이팬에 샐러드유를 둘러 달군 후 ①을 넣고 양면을 굽는다.

9~11개월

요구르트 얹은 삶은 달걀

조리시간 5분

재료

삶은 달걀 … 1/2개분
플레인 요구르트 … 1작은술
우유 … 1작은술

만드는 법

❶ 요구르트와 우유를 잘 섞어 삶은 달
걀에 끼얹는다.

구운 토란

조리시간 10분

재료

토란(부드럽게 삶는다) … 1개

만드는 법

❶ 토란은 알루미늄 호일에 싸서 오븐
토스터에 약 2분 구워 절반으로 자른다.

통감자구이

조리시간 10분

재료

감자 ⋯ 1개

만드는 법

❶ 감자는 씻어서 껍질째 랩을 씌워 전자레인지에 약 4분 가열한다.
❷ 열을 식혀 랩을 벗기고 알루미늄 호일로 싸서 오븐 토스터에 약 5분간 굽는다.
❸ ②를 반으로 잘라 2큰술을 파낸다.

치즈 토마토 토스트

조리시간 10분

재료

샌드위치용 식빵 ⋯ 1장
토마토(5mm로 자르기) ⋯ 1큰술
햄(삶아서 잘게 썰기) ⋯ 2큰술
녹는 치즈 ⋯ 1작은술

만드는 법

❶ 식빵에 토마토, 햄, 치즈를 얹는다.
❷ 오븐 토스터에 노릇하게 될 때까지 구워 먹기 편한 크기로 자른다.

오픈 샌드위치

조리시간 5분

재료

샌드위치용 식빵 … 1장
오이(잘게 썰기) … 1작은술
코티지치즈 … 1작은술

만드는 법

❶ 오이와 코티지치즈를 섞는다.
❷ 식빵을 먹기 편한 크기로 잘라 ①
을 얹는다.

미니 핫케이크

조리시간 15분

재료

핫케이크 믹스(시판품) … 2큰술
물 … 2작은술
치즈 … 5g

만드는 법

❶ 핫케이크 믹스에 물을 부어 잘 섞
은 후, 크기 5mm로 자른 치즈를 곁들
인다.
❷ 프라이팬에 양면을 굽는다.

치즈 얹은 튀김두부

조리시간 10분

재료

튀김용 두부(두께 5mm, 폭 2~3cm로 자르기) … 3장
토마토(팔팔 끓는 물에 살짝 데쳐서 껍질과 씨를 제거한 후 다지기) … 1큰술
녹는 치즈 … 1작은술

만드는 법

❶ 내열 용기에 튀김용 두부를 넣고 그 위에 토마토와 치즈를 얹는다.
❷ 오븐 토스터에 넣고 치즈가 녹을 때까지 굽는다.

고구마 맛탕

조리시간 10분

재료

고구마(삶아서 사방 1cm로 자르기) … 2큰술
마멀레이드 … 1/2작은술
참깨 … 약간

만드는 법

❶ 고구마에 마멀레이드를 골고루 묻혀 참깨를 뿌린다.

콘소스 얹은 흰살생선

조리시간 10분

재료

흰살생선(삶아서 가볍게 발라낸다) … 2
큰술
콘크림 통조림 … 1작은술

만드는 법

❶ 흰살생선에 데운 콘크림을 끼얹는다.

롤샌드위치

조리시간 5분

재료

샌드위치용 식빵 … 1장
코티지치즈 … 1큰술
딸기쨈 … 1작은술

만드는 법

❶ 빵에 코티지치즈와 잼을 바른다.
❷ 빵을 말아서 먹기 편한 크기로 자른다.

재료별 초간단 레시피

아기가 먹을 수 있는 양은 아직 적지만, 그래도
엄마 마음은 균형 잡힌 식단으로 먹여주고 싶은
법이죠. 재료별로 영양을 능숙하게 조합시켜서
영양이 편중되지 않도록 신경을 써주세요.

**곡류, 녹황색 채소, 담색 채소, 감자류,
과일, 육류, 생선, 유제품, 달걀, 콩제품**

곡류

쌀, 빵, 우동은 매일의 식사에 빠져서는 안 되는 소중한 에너지원입니다.
아기에게 제대로 먹게 해주세요.

토마토죽

조리시간 10분

재료

10배죽(p.50) … 1큰술
토마토(체에 내리기) … 1작은술

만드는 법

❶ 내열 용기에 10배죽과 토마토를 넣어 섞고 랩을 씌워 전자레인지에 약 20초 가열한다.

5~6개월

★ 토마토는 체에 내리면 껍질과 씨를 제거할 수 있습니다. 토마토 대신 바나나를 으깨어 1작은술 첨가해도 좋습니다. 바나나의 자연스러운 달콤함이 아기의 식욕을 돋궈줍니다.

두부죽

조리시간 10분

재료

10배죽(p.50) … 1큰술
두부(삶아서 으깨기) … 1작은술

만드는 법

❶ 10배죽에 두부를 넣어 잘 섞어준다.

5~6개월

★ 두부 대신 단호박을 넣어도 OK! 단호박의 경우 껍질과 씨를 제거하고 갈아 으깬 것을 1작은술 사용합니다.

시금치죽

조리시간 10분

재료

7배죽(p.51) … 2큰술
시금치 잎 끝부분(부드럽게 데쳐서 다지기) … 2작은술

만드는 법

❶ 내열 용기에 7배죽과 시금치를 넣고 섞어 랩을 씌워 전자레인지에 약 30초 가열한다.

함께 하면 좋은 레시피 : 흰살생선 단호박 무침(p.177)

★ 시금치는 섬유질이 많아서 칼로 썰 때에는 종횡으로 칼질을 해 잘게 써세요. 긴 섬유질은 삼키지 못하므로 주의해야 합니다.

사과죽

조리시간 10분

재료

7배죽(p.51) … 2큰술
사과(강판에 갈기) … 2작은술

만드는 법

❶ 7배죽에 사과를 넣고 잘 섞어준다.

함께 하면 좋은 레시피 : 잔멸치 스크램블(p.194)

★ 사과는 배로 대체해도 OK! 제철 시기에 꼭 만들어보세요. 분량은 사과와 같습니다.

잔멸치죽

조리시간 10분

재료

7배죽(p.51) … 2큰술
마른 잔멸치 … 1/2작은술

만드는 법

❶ 마른 잔멸치는 뜨거운 물을 끼얹어 염분을 제거하고 다진다.
❷ 7배죽에 ①을 넣고 잘 섞어준다.

함께 하면 좋은 레시피 : 달걀 샐러드(p.76)

★ 마른 잔멸치의 염분을 제거할 때에는 차 망에 넣어서 뜨거운 물을 부으면 편리합니다. 차 망에 담아서 뜨거운 물에 담가도 편합니다.

tip

최악의 재료 궁합

- **오이와 무, 오이와 당근** : 오이를 썰 때 나오는 아스코르비나아제 효소가 비타민C를 파괴합니다.

- **치즈와 콩** : 치즈에는 칼슘이 풍부하고 콩에는 인산이 풍부합니다. 함께 먹으면 인산칼슘이 되면서 체내에 흡수되지 못하고 체외로 배출되어버립니다.

- **돼지고기와 버터** : 칼로리도 높아지고 콜레스테롤 함량 또한 높아져 좋지 않습니다.

- **시금치와 근대** : 시금치는 옥살산을 많이 함유하고 있고 근대에는 수산이 많아 이 둘을 함께 먹으면 몸안에서 수산석회가 되면서 결석이 만들어집니다. 담석증에 걸릴 위험이 크죠. 또한 시금치는 비타민 A와 철분을 풍부하게 함유하고 있지만 인산염 함량도 높으므로 빈혈 있는 아이에게는 많이 먹이지 않는 게 좋습니다.

- **시금치와 두부** : 시금치의 옥살산과 두부의 칼슘이 만나 수산칼슘이 되면서 불용성 결석을 유발합니다.

- **토마토와 설탕** : 토마토에 함유되어 있는 비타민 B1이 체내에 흡수되지 못하고 설탕을 분해하는데 쓰이고 맙니다.

바나나 빵 미음

조리시간 10분

재료

샌드위치용 식빵 … 1/8장
물에 녹인 분유 … 1큰술
바나나 (갈아 으깨기) … 1큰술

만드는 법

❶ 식빵을 잘게 뜯어 내열 용기에 담는다.
❷ ①에 분유와 바나나를 첨가해 잘 섞어 랩을 씌워 전자
레인지에 약 20초 가열한다.

5~6개월

★ 분유 대신 물과 채소수프, 다시국물을 넣어도 맛있게 완성됩니다. 맛의 다양함을 보태주세요.

사과 빵죽

조리시간 10분

재료

샌드위치용 식빵 … 1/8장
물에 녹인 분유 … 1큰술
사과(강판에 갈기) … 1작은술

만드는 법

❶ 식빵을 잘게 뜯어 분유와 함께 내열 용기에 담아 랩
을 씌워 전자레인지에 약 20초 가열한다.
❷ ①에 사과를 넣고 잘 섞어준다.

5~6개월

★ 분유 대신 물과 채소수프, 다시국물을 넣어도 맛있게 완성됩니다. 오렌지주스(과즙100%)도 추천합니다.

당근 치즈 샌드위치

조리시간 10분

재료

샌드위치용 식빵 … 1장
코티지치즈 … 2작은술
당근(부드럽게 삶아서 강판에 갈기) … 1/2작은술

만드는 법

❶ 식빵을 반으로 잘라 체에 내린 코티지치즈를 바른다.
❷ ①에 당근을 끼워 먹기 좋은 크기로 자른다.

함께 하면 좋은 레시피 : 토마토 오이 샐러드(p.129)

★ 코티지치즈는 체에 내리면 매끄러워져 먹기 편해집니다.

에그 토스트

조리시간 15분

재료

식빵 … 1/2장, 달걀 푼 것 … 1/2개분
우유 … 1큰술, 버터 … 5g
브로콜리(부드럽게 데쳐서 다지기) … 1큰술

만드는 법

❶ 달걀, 우유, 브로콜리를 잘 섞어준다.
❷ 식빵을 먹기 편한 크기로 잘라 ①에 담근다.
❸ 프라이팬에 버터를 넣어 달군 후 ②의 양면을 굽는다.

함께 하면 좋은 레시피 : 우유, 과일

★ 브로콜리 대신 파슬리를 다져서 1/2작은술 섞어도 맛있게 완성됩니다.

피자 토스트

조리시간 15분

재료

식빵 … 1/2장, 토마토케첩 … 1/2작은술
시금치(데쳐서 길이 1cm로 자르기) … 1/2작은술
햄(잘게 썰기) … 1/4장
녹는 치즈(잘게 자르기) … 1작은술

만드는 법

❶ 식빵에 토마토케첩을 바르고 시금치, 햄, 치즈를 얹는다.
❷ 오븐 토스터에 치즈가 녹을 때까지 구워 먹기 편한 크기로 자른다.

함께 하면 좋은 레시피 : 토마토 젤리(p.129)

★ 염분이 신경 쓰일 때에는 토마토케첩 대신에 토마토를 다져서 2작은술 넣어보세요. 토마토의 껍질과 씨는 제거하세요.

프렌치 토스트

조리시간 15분

재료

식빵 … 1/2장, 달걀 푼 것 … 1/2개분
우유 … 2큰술, 설탕 … 약간
버터 … 5g

만드는 법

❶ 달걀, 우유, 설탕을 잘 섞는다.
❷ 식빵을 반으로 잘라 ①에 담근다.
❸ 프라이팬에 버터를 넣고 달군 후 ②의 양면을 굽는다.

함께 하면 좋은 레시피 : 우유, 과일

★ 빵 속에 액이 스며들 때까지 담가두세요. 빵을 반으로 자르면 빨리 스며듭니다.

시금치 우동

조리시간 20분

재료

우동(건면) … 5g
시금치(부드럽게 데쳐서 갈아 으깨기) … 1작은술
다시국물 … 1작은술

만드는 법

❶ 우동은 삶아서 다진 후 갈아 으깬다.
❷ 우동과 시금치를 잘 섞고, 다시국물로 묽게 해준다.

5~6개월

★ 이 시기에는 대부분 죽만 만들어주는 경향이 있는데 우동이나 소면 등을 사용해 변화의 폭을 넓혀보세요. 아기가 잘 먹습니다.

당근 우동

조리시간 20분

재료

우동(건면) … 5g
당근(부드럽게 삶아서 갈아 으깨기) … 1작은술
다시국물 … 1작은술

만드는 법

❶ 우동은 삶아서 다진 후 갈아 으깬다.
❷ 우동과 당근을 잘 섞고 다시국물로 묽게 만든다.

5~6개월

★ 이 시기에는 흐물흐물한 상태의 음식만 먹을 수 있습니다. 우동 입자가 남지 않도록 매끄러워질 때까지 갈아 으깨 주세요.

토마토 우동

조리시간 20분

재료

우동(건면) … 10g, 다진 닭고기 … 1작은술
토마토(껍질과 씨를 제거해 다지기) … 1작은술
브로콜리의 꽃 부분(데쳐서 다지기) … 1작은술
샐러드유 … 약간

만드는 법

❶ 우동은 삶아서 다진다.
❷ 프라이팬에 샐러드유를 둘러 달군 후 다진 닭고기를 볶는다.
❸ 다진 닭고기가 다 익으면 우동, 토마토, 브로콜리를 넣고 가볍게 같이 볶아준다.

함께 하면 좋은 레시피 : 과일

★ 토마토의 신맛이 산뜻해서 먹기 편한 요리입니다. 샐러드유를 너무 많이 넣지 않도록 주의하세요.

무 우동

조리시간 15분

재료

우동(건면) … 10g
무(강판에 갈기) … 1큰술
다시국물 … 1큰술

만드는 법

❶ 우동은 삶아서 다진 후 작은 냄비에 넣는다.
❷ ①에 무와 다시국물을 붓고 약한 불에서 익힌다.

함께 하면 좋은 레시피 : 두부 가지 무침(p.200)

★ 제철시기에는 순무를 사용해도 좋습니다. 무와 마찬가지로 강판에 간 것을 1큰술 첨가합니다.

우동의 종류

일본식 우동은 종류가 많습니다.
기본적인 것만 알아두어도 레시피 폭이 넓어집니다~

• 고모쿠 우동

고모쿠는 한자로 五目이며, 여러 가지 채소 등 5가지 재료가 들어간 우동을 뜻합니다.

• 가케 우동

간단한 우동을 말합니다. 기본적으로 유부, 어묵, 미역, 얼갈이 등 간단한 고명만 들어갑니다.

• 사누키 우동

일본 시코쿠섬의 사누키 지방에서 유래한 정통면으로, 반죽할 때 물을 듬뿍 넣고 오랫동안 숙성하여 방망이로 치대듯 면발을 만들어 부드러우면서도 쫄깃합니다.

• 안가케 우동

국물에 감자 전분을 넣어 울면처럼 국물이 걸쭉한 우동입니다.

• 다마고 소바

뜨거운 국물에 닭고기를 넣어 만든 우동입니다.

• 나베

뜻은 '냄비'. 이름 그대로 냄비에 담겨 나오는 우동 종류를 말합니다.

• 자루소바

메밀 국수를 말합니다. 채를 얹은 4각형 식기를 '자루'라고 합니다.

• 가쓰동

'가쓰'는 돼지고기 튀겨놓은 것을 말하며, '동'은 덮밥을 뜻합니다.
우리말로는 '돈가스 덮밥'.

• 덴자루

속칭 '덴푸라 자루 소바'의 줄임말

고모쿠우동

조리시간 20분

재료

우동(건면) … 15g
돼지 넓적다리살(사방 7mm로 자르기) … 2작은술
당근, 시금치, 무(부드럽게 삶아서 잘게 썰기) … 각 1작은술
다시국물 … 3큰술

만드는 법

❶ 우동은 삶아서 잘게 썬다.
❷ 내열 용기에 재료를 전부 담아 랩을 씌워 전자레인지에 약 30초 가열한다.

함께 하면 좋은 레시피 : 과일

9~11개월

샐러드우동

조리시간 20분

재료

우동(건면) … 15g
닭가슴살(삶아서 잘게 찢기) … 1작은술
당근, 오이(부드럽게 삶아서 다지기) … 각 1/2작은술
지진 달걀 … 1큰술, 다시국물 … 1큰술

만드는 법

❶ 우동은 삶아서 잘게 썬다.
❷ ①과 닭가슴살, 당근, 오이, 다시국물을 잘 섞고 달걀을 얹는다.

함께 하면 좋은 레시피 : 단호박 오렌지 찜(p.131)

9~11개월

★ 오이의 식감을 싫어하는 아기에게는 삶은 가지를 다져서 먹여도 좋습니다. 가지는 껍질을 벗깁니다.

소면미음

조리시간 15분

재료

소면(건면) … 5g
다시국물 … 1큰술

만드는 법

❶ 소면은 삶아서 다진 후 갈아 으깬다.
❷ 내열 용기에 ①과 다시국물을 넣고 랩을 씌워서 전자레인지에 약 20초 가열한다.

★ 다시국물 대신에 무를 넣어도 OK! 무는 삶아서 갈아 으깬 후 체에 내려주세요. 섬유질이 남지 않도록 신경쓰세요.

토마토 소면

조리시간 15분

재료

소면(건면) … 5g
토마토(체에 내리기) … 1큰술
다시국물 … 2작은술

만드는 법

❶ 소면은 삶아서 다진 후 갈아 으깬다.
❷ 내열 용기에 소면과 토마토, 다시국물을 넣고 랩을 씌워 약 20초 가열한다.

★ 토마토의 맛을 한층 끌어내고 싶을 때에는 다시국물을 넣지 말고 토마토만으로도 OK! 이때 토마토는 체에 내린 것을 2큰술 넣습니다.

소면 밀크 찜

조리시간 10분

재료

소면(건면) ⋯ 10g
물에 녹인 분유 ⋯ 3큰술

만드는 법

1 소면은 삶아서 다진다.
2 내열 용기에 소면과 분유를 넣고 랩을 씌워서 전자
레인지에 약 30초 가열한다.

함께 하면 좋은 레시피 : 토마토 흰살생선 무침(p.128)

★ 분유 대신 다시국물이나 채소수프도 OK! 이 시기는 레시피가 편향되는 경향이 있으므로 다양하게 시도해보세요.

양배추 소면

조리시간 10분

재료

소면(건면) ⋯ 10g
양배추(부드럽게 삶아서 갈아 으깨기) ⋯ 1큰술

만드는 법

1 소면은 삶아서 다진다.
2 소면과 양배추를 잘 섞는다.

함께 하면 좋은 레시피 : 닭가슴살 시금치 무침(p.167)

★ 수분이 부족해서 삼키기 힘들 때에는 다시국물을 첨가해보세요. 2큰술 정도가 적당량입니다.

소면 전

조리시간 20분

재료

소면(건면) … 15g
닭가슴살(삶아서 잘게 찢기) … 2작은술
당근, 오이(삶아서 다지기) … 각 1/2작은술
달걀 푼 것 … 1/2개분, 샐러드유 … 약간

만드는 법

① 소면은 삶아서 잘게 썬다.
② 소면, 닭가슴살, 당근, 오이, 달걀을 잘 섞어준다.
③ 프라이팬에 샐러드유를 둘러 달군 후 ②를 넣는다.
④ 양면을 구워 먹기 편한 크기로 자른다.

함께 하면 좋은 레시피 : 우유

★ 소면 대신 진밥(p.51)을 사용해도 좋습니다. 너무 오래 구우면 밥이 바삭바삭해져서 먹기 불편하므로 주의합니다.

소면 찬푸루

조리시간 15분

재료

소면(건면) … 15g
얇게 썬 돼지 넓적다리살(잘게 썰기) … 2작은술
당근, 시금치(부드럽게 삶아서 잘게 썰기) … 각 1작은술
양파(잘게 썰기) … 1/2작은술
달걀 푼 것 … 1/2개분
샐러드유 … 약간

만드는 법

① 소면을 삶아 잘게 썬다.
② 프라이팬에 샐러드유를 둘러 달군 후 돼지고기와 양파를 볶는다.
③ 양파가 다 익으면 소면, 당근, 시금치를 첨가해 볶는다.
④ 달걀을 붓고 원을 그리듯 잘 섞어가며 익힌다.

함께 하면 좋은 레시피 : 진밥(p.51), 채소수프(p.48)

★ 찬푸루는 대표적인 오키나와 요리로, 채소와 두부를 볶은 일명 '채소 두부 볶음' 입니다.

비타민C와 β카로틴이 듬뿍

녹황색 채소

당근이나 단호박, 브로콜리 등의 녹황색 채소에는 β카로틴이 풍부합니다.
죽에 섞거나 또는 함께 먹는 메뉴에 추가해보세요.

당근 오렌지 찜

조리시간 10분

재료

당근(부드럽게 삶아서 으깨기) … 1/2큰술
오렌지주스(과즙100%) … 1/2큰술

만드는 법

❶ 당근에 오렌지주스를 첨가해 묽게 만든다.

함께 하면 좋은 레시피 : 빵죽(p.53)

★ 당근은 갈아 으깨는 것만으로도 좋지만, 체에 내리면 더 매끄러워집니다.

당근밀크찜

조리시간 10분

재료

당근(부드럽게 삶아서 으깨기) … 1큰술
물에 녹인 분유 … 1큰술

만드는 법

❶ 내열 용기에 당근과 분유를 넣어 섞은 후, 랩을 씌워 전자레인지에 약 20초 가열한다.

함께 하면 좋은 레시피 : 흰살생선 감자 무침(p.176), 7배죽(p.51)

★ 채소를 거의 먹지 않는 아기라도 분유로 찌면 어슴푸레 단맛이 증가해서 먹게 되는 경우도 있습니다. 꼭 시도해보세요.

당근 달걀 볶음

조리시간 10분

재료

당근(다지기) … 1큰술
달걀 푼 것 … 1/2개분
샐러드유 … 약간

만드는 법

❶ 프라이팬에 샐러드유를 둘러 달군 후 당근이 부드러워질 때까지 볶는다.
❷ ①에 달걀을 부어준다. 달걀이 완전히 익을 때까지 저어가면서 익힌다.

함께 하면 좋은 레시피 : 시금치 감자 무침(p.126), 5배죽(p.51)

★ 아기가 아직 단단한 것을 먹지 못하면 당근을 잘게 썰지 말고 강판에 갈도록 합니다.

당근 스틱

조리시간 5분

재료

당근(사방 1cm, 길이 5cm로 썰기) … 3개

만드는 법

❶ 당근이 부드러워질 때까지 삶는다.

함께 하면 좋은 레시피 : 돼지고기 채소 구이(p.165), 진밥(p.51)

★ 손으로 쥐고 먹는 행동이 활발해지는 시기입니다. 손으로 쥐고 먹을 수 있는 크기로 자릅니다.

당근 볶음

조리시간 10분

재료

당근 … 15g
샐러드유 … 약간

만드는 법

❶ 당근은 필러로 얇게 깎아서 삶는다.
❷ 프라이팬에 샐러드유를 둘러 달군 후 당근에 기름기가 돌 때까지 볶는다.

함께 하면 좋은 레시피 : 참치 샐러드(p.184), **진밥**(p.51)

★ 필러가 없으면 칼로 깎아썰기하세요. 두꺼우면 아기가 먹기 괴로우므로 최대한 얇게 씁니다.

tip

최고의 재료 궁합 1

- **쇠고기와 채소 :** 쇠고기에 함유된 철분은 소화흡수가 잘 되지만 비타민이 부족하니 채소와 함께 조리하면 영양만점입니다. 특히 콩나물과 함께 먹으면 소화가 잘 되며, 무는 지방과 단백질을 분해하는 효소가 들어 있어 쇠고기와 함께 조리하면 육질이 부드러워지고 소화도 잘 됩니다.

- **달걀과 채소 :** 달걀에는 비타민C가 부족하므로 비타민C가 풍부한 애호박, 당근, 시금치, 피망, 감자, 고구마 등과 함께 조리하면 영양면에서 아주 좋습니다.

- **당근과 감자 :** 최고의 궁합입니다. 당근에 많은 카로틴은 면역력을 증강시켜 주고 건조한 피부를 촉촉하게 해주는 성분이 있으며, 감자는 비타민C가 풍부합니다. 당근의 카로틴 성분은 껍질에 많이 들어 있으므로 손질할 때 얇게 벗겨내도록 합니다.

- **치즈와 감자 :** 감자에 부족한 단백질과 지방을 치즈가 보충해줍니다.

- **애호박과 감자 :** 애호박은 비타민C, 레시틴, β카로틴이 풍부해 면역력 강화에 좋습니다. 감자와 같이 먹으면 피부나 점막을 튼튼하게 해줄 뿐 아니라 감기 등 질병에 대한 저항력도 키워줍니다.

시금치 두부 미음

조리시간 10분

재료

시금치(부드럽게 데쳐서 갈아 으깨기) … 1작은술
두부(삶아서 으깨기) … 1작은술
다시국물 … 1큰술

만드는 법

❶ 시금치에 두부를 첨가하고 다시국물로 묽게 만든다.

함께 하면 좋은 레시피 : 10배죽(p.50)

5~6개월

★ 두부를 곁들이는 것으로 목으로 잘 넘어가서 먹기 편해집니다. 두 가지 재료를 함께 먹을 수 있어서 영양면에서도 OK!

묽은 시금치 수프

조리시간 10분

재료

시금치(부드럽게 데쳐서 갈아 으깨기) … 1큰술
채소수프 … 1큰술

만드는 법

❶ 시금치에 채소수프를 첨가해서 묽게 만든다.

함께 하면 좋은 레시피 : 두부 죽(p.107)

5~6개월

★ 시금치의 섬유질이 남지 않도록 잘 갈아 으깨주세요. 시금치를 잘게 썰어서 갈아 으깨는 것이 요령입니다.

참치 시금치 무침

조리시간 10분

재료

시금치(부드럽게 데쳐서 다지기) ··· 1큰술
참치 통조림 ··· 2작은술

만드는 법

① 내열 용기에 시금치와 참치를 넣고 잘 섞어준다.
② 랩을 씌워서 전자레인지에 약 20초 가열한다.

함께 하면 좋은 레시피 : 양배추 소면(p.118)

7~8개월

★ 참치는 무염(無鹽)을 고르세요. 시금치와 섞을 때에는 잘게 발라주세요.

시금치 밀크찜

조리시간 10분

재료

시금치(부드럽게 데쳐서 다지기) ··· 1큰술
물에 녹인 분유 ··· 1큰술

만드는 법

① 내열 용기에 시금치와 분유를 넣고 섞는다.
② 랩을 씌워 전자레인지에 약 20초 가열한다.

함께 하면 좋은 레시피 : 흰살생선 감자 무침(p.176), 7배죽(p.51)

7~8개월

★ 분유 대신 다시국물이나 채소수프 등을 사용해도 좋아요. 첨가하는 국물을 바꾸는 것으로 맛에 다양한 변화를 줄 수 있어요.

시금치 감자 무침

조리시간 15분

재료

시금치(부드럽게 데쳐서 잘게 썰기) … 1큰술
감자(부드럽게 삶아서 으깨기) … 1큰술
다시국물 … 1작은술

만드는 법

❶ 시금치, 감자를 잘 섞어준다.
❷ ①에 다시국물을 부어 묽게 만든다.

함께 하면 좋은 레시피 : 애플 포크(p.162), 5배죽(p.51)

★ 다시국물 대신 우유나 물에 녹인 분유를 넣어도 부드러운 맛이 됩니다.

시금치 무침

조리시간 10분

재료

시금치(데쳐서 길이 1cm로 썰기) … 2큰술
참깨 … 약간
간장 … 약간
다시국물 … 1/2작은술

만드는 법

❶ 시금치에 참깨, 간장, 다시국물을 넣고 잘 섞어준다.

함께 하면 좋은 레시피 : 중화풍 완자(p.172), 진밥(p.51)

토마토 즙

조리시간 5분

재료

토마토 … 15g

만드는 법

❶ 토마토를 체에 내린다.

함께 하면 좋은 레시피 : 두부 죽(p.107)

★ 토마토 껍질과 씨는 아기 입에 들어가지 않도록 깨끗하게 제거합니다.

5~6개월

토마토 고구마 무침

조리시간 15분

재료

토마토(팔팔 끓는 물에 살짝 데쳐서 껍질과 씨를 제거한 후 다지기)… 1큰술
고구마(부드럽게 삶아서 다지기)… 1큰술

만드는 법

❶ 토마토와 고구마를 섞는다.

함께 하면 좋은 레시피 : 잔멸치 죽(p.109)

7~8개월

★ 토마토 껍질 벗기는 방법 : 냄비에 물을 끓여 열십자 모양으로 칼집을 낸 토마토를 넣고 1~2분 가열합니다. 바로 차가운 물을 부어 식힌 후 껍질을 벗깁니다.
★ 다진 고구마가 삼키기 힘들다면 갈아 으깨도 좋습니다. 아기의 상태를 살피면서 조정하세요.

익힌 토마토

조리시간 10분

재료

토마토(끓는 물에 살짝 데쳐서 껍질 벗기기) … 20g

만드는 법

❶ 토마토는 씨 채로 강판에 간다.

함께 하면 좋은 레시피 : 흰살생선 감자 무침(p.176), **7배 죽**(p.51)

★ 그냥 먹이는 것은 물론 삶은 흰살생선이나 죽에 섞어도 좋습니다. 토마토는 달콤하게 숙성된 것을 고르세요.

토마토 흰살생선 무침

조리시간 10분

재료

토마토(팔팔 끓는 물에 살짝 데쳐서 껍질과 씨를 제거한 후 다지기) … 1큰술
흰살생선 … 10g

만드는 법

❶ 흰살생선은 삶아서 다진다.
❷ 토마토와 흰살생선을 합친다.

함께 하면 좋은 레시피 : 소면 밀크 찜(p.118)

★ 시간을 단축시키고 싶을 때에는 흰살생선에 랩을 씌워 전자레인지에 약 10초 가열시키면 OK. 반드시 다 익었는지 확인합니다.

토마토 오이 샐러드

조리시간 10분

재료

토마토(팔팔 끓는 물에 살짝 데쳐서 껍질과 씨를 제거한 후 다지기) … 2큰술
오이(삶아서 다지기) … 1작은술

만드는 법

❶ 토마토와 오이를 식기에 담는다.

함께 하면 좋은 레시피 : 돼지고기 오크라 무침(p.161), 5배죽(p.51)

★ 먹일 때에는 가볍게 섞어주세요. 아직 씹어서 으깰 수 없으므로 오이는 다져주세요.

토마토 젤리

조리시간 20분 (식히는 시간은 별도)

재료

토마토(팔팔 끓는 물에 살짝 데쳐서 껍질과 씨를 제거한 후 강판에 갈기) … 2큰술, 분말 젤라틴 … 1g, 물 … 2큰술

만드는 법

❶ 내열 용기에 분량의 물을 넣고 분말 젤라틴을 넣고 잘 섞는다. 5분정도 두었다가 랩을 씌워 전자레인지에 약 20초 가열한다.
❷ 토마토에 ①을 넣고 잘 섞어 젤리 틀에 부어 냉장고에서 굳힌다.

함께 하면 좋은 레시피 : 돼지고기 피자풍(p.166), 진밥(p.51)

★ 분말 젤라틴에 물을 부으면 녹이기 어려워집니다. 반드시 물에 분말 젤라틴을 흩뿌리듯 넣어주세요.

단호박 미음

조리시간 10분

재료

단호박(부드럽게 삶아서 으깨기) … 1큰술
다시국물 … 1/2큰술

만드는 법

❶ 단호박에 다시국물을 넣고 걸쭉하게 만든다.

함께 하면 좋은 레시피 : 10배죽(p.50)

5~6개월

★ 단호박의 걸쭉함이 덜할 경우는 다시국물로 조절합니다. 단호박 껍질과 씨는 깔끔하게 제거하세요.

단호박 밀크 찜

조리시간 10분

재료

단호박(부드럽게 삶아서 으깨기) … 1큰술
물에 녹인 분유 … 1큰술

만드는 법

❶ 내열 용기에 단호박과 분유를 넣고 섞은 후 랩을 씌워 약 20초 가열한다.

함께 하면 좋은 레시피 : 참치 시금치 무침(p.125), 7배죽 (p.51)

7~8개월

★ 단호박은 삼키기 힘드므로 수분을 첨가해서 부드럽게 만듭니다. 껍질과 씨는 아기 입에 들어가지 않도록 깨끗이 제거하세요.

단호박 요구르트 무침

조리시간 10분

재료

단호박(부드럽게 삶아서 으깨기) … 1큰술
플레인 요구르트 … 1큰술

만드는 법

❶ 단호박을 요구르트로 버무린다.

함께 하면 좋은 레시피 : 샐러드 우동(p.116)

★ 요구르트 대신 바나나를 갈아 으깬 것 1큰술을 첨가해도 좋아요. 양쪽 모두 간식으로 최적입니다. 단호박 껍질과 씨는 깔끔하게 제거해주세요.

단호박 오렌지 찜

조리시간 10분

재료

단호박(사방 5~6mm로 잘라서 부드럽게 삶기) … 2큰술
오렌지주스(과즙100%) … 1큰술

만드는 법

❶ 내열 용기에 단호박과 오렌지주스를 넣고 잘 섞어준다.
❷ ①에 랩을 씌워 전자레인지에 약 20초 가열한다.

함께 하면 좋은 레시피 : 돼지고기 빵가루 구이(p.162), **5배죽**(p.51)

★ 단호박은 손가락으로 으깰 수 있을 정도의 굳기가 기준입니다. 단호박의 껍질과 씨는 제거하세요.

단호박 돼지고기 소테

조리시간 10분

재료

단호박(길이 1cm로 채썰기) … 1큰술
돼지 넓적다리살(다지기) … 1큰술
샐러드유 … 약간
소금 … 약간

만드는 법

❶ 프라이팬에 샐러드유를 두르고 달군 후 단호박과 돼지고기를 넣고 단호박이 부드러워질 때까지 볶는다.
❷ 소금으로 간을 해 완성한다.

함께 하면 좋은 레시피 : 주먹밥, 채소수프(p.48)

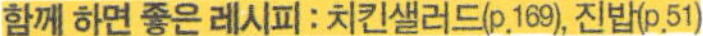

★ 부드럽게 삶아서 으깬 단호박에, 삶은 돼지고기를 섞으면 무침요리가 됩니다.

단호박 치즈 구이

조리시간 10분

재료

단호박(부드럽게 삶아서 으깨기) … 1큰술
녹는 치즈(잘게 자르기) … 1작은술

만드는 법

❶ 단호박과 녹는 치즈를 섞는다.
❷ ①을 내열 용기에 넣어 오븐 토스터에 치즈가 녹을 때까지 굽는다.

함께 하면 좋은 레시피 : 치킨샐러드(p.169), 진밥(p.51)

★ 뜨거우므로 먹일 때에는 약간 식혀서 먹이세요. 녹는 치즈를 쓰는 게 수고로울 때에는 분말 치즈도 좋습니다. 단호박의 껍질과 씨는 깔끔하게 제거하세요.

브로콜리 미음

조리시간 10분

5~6개월

재료

브로콜리(부드럽게 데쳐서 갈아 으깨기) ··· 1큰술
채소수프 ··· 1/2큰술

만드는 법

❶ 브로콜리에 채소수프를 넣어 묽게 만든다.

함께 하면 좋은 레시피 : 10배죽(p.50)

★ 브로콜리는 데치지 않고 랩을 씌워서 전자레인지에 약 30초 가열해도 OK!

브로콜리 밀크 찜

조리시간 10분

재료

브로콜리(부드럽게 데쳐서 다지기) ··· 1큰술
물에 녹인 분유 ··· 1큰술

만드는 법

❶ 내열 용기에 브로콜리와 분유를 넣고 섞은 후 랩을 씌워 전자레인지에 약 20초 가열한다.

함께 하면 좋은 레시피 : 시금치 죽(p.108)

7~8개월

★ 분유 대신 다시국물이나 채소수프도 좋습니다. 채소에 첨가하는 수분을 변경해서, 맛의 다양함을 느끼게 해주세요.

브로콜리 당근 무침

조리시간 10분

재료

브로콜리(부드럽게 데쳐서 다지기) … 1큰술
당근(부드럽게 삶아서 다지기) … 1작은술

만드는 법

❶ 브로콜리와 당근을 잘 섞어준다.

함께 하면 좋은 레시피 : 잔멸치 두부 무침(p.181), **7배죽**(p.51)

7~8개월

★ 당근 대신 삶아서 다진 고구마 1큰술을 첨가해도 좋아요.

브로콜리 달걀 샐러드

조리시간 10분

재료

브로콜리(부드럽게 데쳐서 잘게 썰기) … 2큰술
플레인 요구르트 … 1큰술
삶은 달걀(잘게 썰기) … 1/4개분

만드는 법

❶ 요구르트와 삶은 달걀을 섞는다.
❷ ①에 브로콜리를 넣고 잘 섞어준다.

함께 하면 좋은 레시피 : 고모쿠 우동(p.116)

9~11개월

★ 삶은 달걀 대신 스크램블 달걀을 사용해도 좋아요. 식감이 바뀌어 또 다른 맛을 느낄 수 있습니다.

브로콜리 그라탱

조리시간 15분

재료

브로콜리(부드럽게 데쳐서 잘게 썰기) ··· 1큰술
화이트소스(시판품) ··· 1큰술
분말 치즈 ··· 약간

만드는 법

❶ 브로콜리와 화이트소스를 잘 섞어준다.
❷ ①을 내열 용기에 담아 분말 치즈를 뿌린 후 오븐 토스터에 치즈가 녹을 때까지 굽는다.

함께 하면 좋은 레시피 : 흰살생선 리조또(p.178)

9~11개월

★ 잘 먹지 못하던 재료도 간이나 조리법이 바뀌면 잘 먹는 경우가 있습니다. 다양한 조리법을 시도해보세요.

브로콜리 잔멸치 앙카케

조리시간 10분

재료

브로콜리(데쳐서 한 입 크기로 자르기) ··· 2큰술
잔멸치 ··· 1/2작은술, 다시국물 ··· 1큰술
물에 녹인 전분 ··· 약간

만드는 법

❶ 잔멸치를 차 망에 담고 뜨거운 물을 끼얹어 염분을 제거한다.
❷ 작은 냄비에 브로콜리, 잔멸치, 다시국물을 담고, 약한 불에서 끓인다.
❸ ②에 물에 탄 전분을 넣고 걸쭉해질 때까지 저어준다.

함께 하면 좋은 레시피 : 중화풍 완자(p.172), **진밥**(p.51)

1세~1세반

★ 전자레인지를 사용할 때에는 내열 용기에 재료를 모두 담아 랩을 씌우고 약 20초 가열합니다. 물에 탄 전분을 첨가해서 랩을 씌우고 다시 10초간 가열하면 걸쭉해집니다.
★ 앙카케는 감자, 고구마, 옥수수 등의 전분으로 만든 국물을 얹은, 점성 있는 요리를 말합니다.

담색 채소

양배추나 배추는 별다른 특성이 없어서 조리하기 편하고
다른 재료와도 잘 어우러지므로 매일 식탁에 올려보세요.

양배추 미음

조리시간 10분

재료

양배추(부드럽게 삶아서 갈아 으깨기) … 1작은술
다시국물 … 1/2큰술

만드는 법

❶ 양배추에 다시국물을 넣어 묽게 만든다.

함께 하면 좋은 레시피 : 두부 죽(p.107)

5~6개월

★ 양배추에 따라 굳기나 건조정도가 다르므로 다시국물의 양을 조정해주세요.

양배추 두부 무침

조리시간 10분

재료

양배추(부드럽게 삶아서 다지기) … 1큰술
두부(삶아서 다지기) … 1큰술

만드는 법

❶ 양배추와 두부를 잘 섞어준다.

함께 하면 좋은 레시피 : 참치 시금치 무침(p.125), 7배죽(p.51)

7~8개월

★ 커서 먹기 힘들면, 삶은 양배추와 두부를 같이 거칠게 으깨도 좋아요.

양배추 전

조리시간 10분

재료

양배추(길이 2cm로 채썰기) … 1큰술
핫케이크 믹스(시판품) … 1큰술
물 … 1큰술, 샐러드유 … 약간

만드는 법

❶ 핫케이크 믹스에 분량의 물과 양배추를 넣고 잘 섞어준다.
❷ 프라이팬에 샐러드유를 두르고 달궈지면 ①을 넣고 양면을 굽는다.

함께 하면 좋은 레시피 : 고기경단 수프(p.170), 과일

★ 돼지 넓적다리살과 대파를 첨가하면, 오코노미야키가 됩니다. 분량은 다진 돼지 넓적다리살 10g, 다지듯이 잘게 썬 대파 5g.

양배추 당근 샐러드

조리시간 10분

재료

양배추(다지기) … 2큰술
당근(다지기) … 2작은술
채소수프 … 1큰술
소금 … 약간

만드는 법

❶ 프라이팬에 양배추, 당근, 채소수프를 넣고 채소가 부드러워질 때까지 잘 저으면서 익힌다.
❷ 소금으로 간을 해서 완성한다.

함께 하면 좋은 레시피 : 햄버거(p.172), 진밥(p.51)

배추미음

조리시간 10분

재료

배추잎 끝(부드럽게 삶아서 갈아 으깨기) … 2작은술
다시국물 … 1작은술

만드는 법

❶ 배추에 다시국물을 넣어 걸쭉하게 만든다.

함께 하면 좋은 레시피 : 10배죽(p.50)

5~6개월

★ 다시국물 대신 채소수프나 오렌지주스를 첨가해도 좋아요. 과즙 100%를 사용하세요.

배추 밀크 찜

조리시간 10분

재료

배추(부드럽게 삶아서 다지기) … 1큰술
물에 녹인 분유 … 1큰술

만드는 법

❶ 내열 용기에 배추와 분유를 넣고 섞은 후, 랩을 씌워 전자레인지에 약 20초 가열한다.

함께 하면 좋은 레시피 : 토마토 에그 스크램블(p.193), 7배죽(p.51)

7~8개월

★ 분유 대신 다시국물이나 채소수프도 좋습니다. 채소에 첨가되는 수분을 변경하면, 다양한 맛의 변화를 즐길 수가 있어요.

배추나물

조리시간 10분

재료

배추(부드럽게 삶아서 다지기) … 2큰술
식용유 … 약간

만드는 법

❶ 프라이팬에 식용유를 둘러 달군 후 배추를 살짝 볶는다.

함께 하면 좋은 레시피 : 무 소보로 앙카케(p.170), 5배죽(p.51)

9~11개월

★ 배추에 깨소금을 뿌리는 것만으로도 맛에 악센트를 줄 수 있어요. 기호에 맞게 선택하세요.

배추 샐러드

조리시간 10분

재료

배추(부드럽게 삶아서 다지기) … 2큰술
코티지치즈 … 1작은술

만드는 법

❶ 배추와 코티지치즈를 그릇에 담는다.

함께 하면 좋은 레시피 : 흰살생선, 가지, 토마토 구이(p.179), 5배죽(p.51)

9~11개월

★ 먹일 때 가볍게 섞어서 주세요. 염분과 지방을 줄인 코티지치즈는 이유식에 딱!이에요.

배추 에그 스크램블

조리시간 5분

재료

배추(다지기) … 2큰술
달걀 푼 것 … 1/2개분
샐러드유 … 약간
소금 … 약간

만드는 법

❶ 프라이팬에 샐러드유를 둘러 달군 후 배추를 볶는다.
❷ 배추가 나긋나긋해지면 달걀을 넣고, 달걀이 다 익을 때까지 잘 저어가며 볶는다.
❸ 소금으로 간을 해 완성한다.

함께 하면 좋은 레시피 : 된장국, 진밥(p.51)

★ 달걀 푼 것을 첨가한 후에 젓지 않으면 오므라이스가 됩니다.

롤 배추

조리시간 20분

재료

배추잎 끝부분 … 15cm
고기(쇠고기와 돼지고기를 섞어서 갈기) … 10g
빵가루 … 1/2작은술, 달걀 푼 것 … 1작은술
채소수프 … 1컵, 소금 … 약간

만드는 법

❶ 배추를 부드럽게 삶아 3등분으로 자른다.
❷ 다진 고기, 빵가루, 달걀을 잘 혼합해서 3등분한다.
❸ ①의 배추에 ②를 만다.
❹ 작은 냄비에 채소수프와 ③을 넣고, 속까지 잘 익을 때까지 약한 불에서 약 10분 익히고, 소금으로 간을 한다.

함께 하면 좋은 레시피 : 당근 스틱(p.122), 진밥(p.51)

★ 배추를 깔끔하게 말고 싶을 때에는 스파게티를 적당하게 짧게 자른 것을 찔러서 고정시켜도 좋습니다.

열에 강하고 영양만점

감자류

감자류는 전분질이 많고 비타민C가 안정적입니다.
영양만점인 감자류는 간식으로도 활약이 대단합니다.

감자밀크죽

조리시간 10분

재료

감자(부드럽게 삶아서 으깨기) … 1작은술
물에 녹인 분유 … 1/2큰술

만드는 법

❶ 내열 용기에 감자와 분유를 넣고 섞어준다.
❷ 랩을 씌워 전자레인지에 약 20초 가열한다.

함께 하면 좋은 레시피 : 토마토 죽(p.107)

5~6개월

★ 분유를 사과즙이나 오렌지과즙으로 대체해도 OK. 단조로워지기 쉬운 이유식에 변화를 줘보세요.

시금치 감자 샐러드

조리시간 15분

재료

감자(부드럽게 삶아서 으깨기) … 1큰술
시금치(부드럽게 데쳐서 다지기) … 1작은술
플레인 요구르트 … 1작은술

만드는 법

❶ 감자, 시금치, 요구르트를 잘 섞어준다.

함께 하면 좋은 레시피 : 닭가슴살 그라탱(p.167), **7배죽**(p.51)

7~8개월

★ 요구르트 대신 코티지치즈를 넣어도 good. 상쾌하고 새콤한 맛이 식욕을 돋궈줍니다.

브로콜리 감자 매시

조리시간 15분

재료

감자(부드럽게 삶아서 으깨기) … 2큰술
브로콜리(부드럽게 삶아서 다지기) … 2작은술
우유 … 1큰술

만드는 법

❶ 내열 용기에 감자와 브로콜리를 넣고 섞어준다.
❷ ①에 우유를 넣어서 걸쭉하게 만든 후 랩을 씌워 전자레인지에 약 20초 가열한다.

함께 하면 좋은 레시피 : 돼지고기 토마토 찜(p.164), 5배 죽(p.51)

9~11개월

★ 우유 대신 플레인 요구르트를 넣어도 맛있어요. 요구르트의 경우는 전자레인지 가열 없이 섞기만 해도 OK.

감자 치즈 구이

조리시간 10분

1세~1세반

재료

감자 … 1/4개
녹는 치즈(잘게 자르기) … 1작은술

만드는 법

❶ 감자는 두께 7mm 부채꼴썰기를 한다.
❷ ①을 내열 용기에 담고 녹는 치즈를 얹은 후 오븐 토스터에 치즈가 녹을 때까지 굽는다.

함께 하면 좋은 레시피 : 참치 밀크 파스타(p.185)

★ 오븐 토스터에 굽는 대신 내열 용기에 담고 랩을 씌워 전자레인지에 약 30초 가열해도 OK.

고구마오렌지주스마음

조리시간 10분

재료

고구마(부드럽게 삶아서 체에 내리기) … 1작은술
오렌지주스(과즙100%) … 1작은술

만드는 법

❶ 고구마에 오렌지주스를 넣어 묽게 만든다.

함께 하면 좋은 레시피 : 시금치 우동(p.113)

5~6개월

★ 오렌지주스가 아니라 오렌지과즙이어도 OK. 오렌지과즙은 과육과 섬유질이 들어가지 않도록 키친페이퍼로 걸러줍니다.

고구마 매시

조리시간 10분

재료

고구마(부드럽게 삶아서 으깨기) … 1큰술
물에 녹인 분유 … 1/2큰술

만드는 법

❶ 내열 용기에 고구마를 담고 분유를 넣어 묽게 만든다.
❷ 랩을 씌워서 전자레인지에 약 20초 가열한다.

함께 하면 좋은 레시피 : 잔멸치 스크램블(p.194), **7배죽**(p.51)

7~8개월

★ 일반 고구마도 좋지만 보라색 고구마를 사용해도 OK. 산뜻한 보라색이 식탁을 화려하게 해줍니다.

고구마 과일 샐러드

조리시간 15분

재료

고구마(부드럽게 삶아서 으깨기) … 1큰술
우유 … 1/2큰술
바나나, 오렌지, 키위(다지기) … 각 1/2작은술

만드는 법

❶ 고구마에 우유를 넣고 랩을 씌워 전자레인지에 약 20초 가열한다.
❷ 식힌 후 바나나, 오렌지, 키위를 넣고 잘 섞어준다.

함께 하면 좋은 레시피 : 차킨시보리 주먹밥(p.195), 두부 미역국(p.203)

★ 과일은 3종류 모두 사용하지 않아도 됩니다. 간식으로도 딱! 좋아요~.

고구마 치즈 구이

조리시간 10분

재료

고구마(부드럽게 삶아서 으깨기) … 1큰술
우유 … 1/2큰술
코티지치즈 … 1작은술

만드는 법

❶ 내열 용기에 고구마를 넣고 우유를 부어 묽게 만든다.
❷ 랩을 씌워 전자레인지에 약 20초 가열한다.
❸ ②에 코티지치즈를 얹고 치즈가 노릇해질 때까지 오븐 토스터에 굽는다.

함께 하면 좋은 레시피 : 고모쿠 우동(p.116)

★ 치즈는 살짝 노릇해질 정도면 됩니다. 뜨거운 상태이므로 약간 식혀주세요.

스위트 포테이토

조리시간 10분

재료

고구마(부드럽게 삶아서 으깨기) … 2큰술
우유 … 1큰술

만드는 법

1 고구마에 우유를 넣고 묽게 만든다.
2 알루미늄 베이킹컵에 담아 오븐 토스터에 노릇해질 때까지 굽는다.

함께 하면 좋은 레시피 : 연어 토마토 뇨키(p.185)

★ 오븐 토스터에 굽기 전에 노른자 푼 것을 기름솔로 바르면, 광이 나서 맛있게 완성됩니다.

토란 밀크 찜

조리시간 10분

재료

토란(부드럽게 삶아서 갈아 으깨기) … 1작은술
물에 녹인 분유 … 1큰술

만드는 법

1 내열 용기에 토란과 분유를 넣고 잘 섞어준다.
2 랩을 씌워서 전자레인지에 약 20초 가열한다.

함께 하면 좋은 레시피 : 사과 빵 죽(p.110)

★ 삶은 토란은 으깨기 쉬워서 절구 대신 포크 뒷부분으로 눌러서 으깨도 OK.

토란 샐러드

조리시간 10분

재료

토란(부드럽게 삶아서 으깨기) … 1큰술
오이(삶아서 다지기) … 1작은술
플레인 요구르트 … 1작은술

만드는 법

❶ 토란, 오이, 요구르트를 잘 섞어준다.

함께 하면 좋은 레시피 : 잔멸치 두부 무침(p.181), **7배죽**(p.51)

★ 삶아서 으깬 토란과 당근을 다져서 잘 섞어주는 것만으로도 OK! 당근의 분량은 1작은술입니다.

토란 미음

조리시간 10분

재료

토란(부드럽게 삶아서 으깨기) … 1큰술
다시국물 … 1작은술

만드는 법

❶ 토란에 다시국물을 섞어 묽게 만들어준다.

함께 하면 좋은 레시피 : 닭가슴살 시금치 무침(p.167), **7배죽**(p.51)

★ 토란을 갈아 으깨면 끈적이는 점액질이 나와서 자연스레 점성이 붙습니다. 부드러운 달콤함으로 아기들이 선호합니다.

토란 돼지고기 무침

조리시간 10분

재료

토란(부드럽게 삶아서 으깨기) … 1큰술
다진 돼지고기 … 1큰술
샐러드유 … 약간

만드는 법

❶ 프라이팬에 샐러드유를 두르고 달군 후 다진 고기가 익을 때까지 볶는다.
❷ 토란에 ①을 넣고 잘 섞어준다.

함께 하면 좋은 레시피 : 시금치 감자 무침(p.126), **5배죽**(p.51)

9~11개월

★ 다진 고기 대신 참치를 넣으면 깔끔한 맛을 느낄 수 있습니다. 참치는 잘게 발라낸 것을 사용하세요.

토란 된장 구이

조리시간 10분

재료

토란(부드럽게 삶기) … 1개
된장 … 약간

만드는 법

❶ 토란은 두께 7mm로 둥글썰기를 한다.
❷ 내열 용기에 ①을 담고 된장을 바른다.
오븐 토스터에 넣고 토란이 노릇해질 때까지 굽는다.

함께 하면 좋은 레시피 : 잔멸치 달걀말이(p.197), **진밥**(p.51)

1세~1세반

★ 토란은 구우면 밖은 약간 파삭파삭하고 속은 포근포근해서 2가지 식감을 즐길 수 있습니다.
★ 토란은 굽거나 삶지 않고 전자레인지에 가열해도 좋아요. 토란 껍질을 벗기고 랩을 씌워 약 2분 가열합니다.
  둥글썰기를 해서 된장을 발라주세요.

비타민, 미네랄, 식이섬유가 가득

과일

사과, 딸기, 바나나

과일은 그대로 먹어도 맛있지만, 약간 손질하는 것만으로도 요리의 폭이 넓어집니다.
간식으로는 물론 다양한 요리에 활용하는 걸 추천합니다!

사과 당근 찜

조리시간 10분

재료

당근, 사과(강판에 갈기) … 각 1큰술

만드는 법

❶ 내열 용기에 당근과 사과를 넣고 잘 섞어준다.
❷ 랩을 씌워 전자레인지에 약 30초 가열한다.

함께 하면 좋은 레시피 : 소면 미음(p.117)

5~6개월

★ 당근과 사과의 자연스러운 달콤함으로 맛있게 먹을 수 있습니다. 채소를 좀처럼 먹지 않는 아기에게도 추천합니다.

사과 고구마 찜

조리시간 10분

재료

사과(다지기) … 2작은술
고구마(부드럽게 삶아서 으깨기) … 1큰술

만드는 법

❶ 내열 용기에 사과와 고구마를 넣고 잘 섞어준다.
❷ 랩을 씌워 전자레인지에 약 20초 가열한다.

함께 하면 좋은 레시피 : 잔멸치 두부 무침(p.181), 7배죽(p.51)

7~8개월

★ 아직 다진 음식이 무리라면 사과는 강판에 곱게 갈아도 OK. 이유식 진행방식에 맞춰 조리하세요.

구운 사과

조리시간 5분

재료

사과 … 1/6개
버터 … 2g

만드는 법

❶ 사과는 껍질과 심을 제거하고 얇게 자른다.
❷ 프라이팬에 버터를 넣고 달군 후 사과 양면을 굽는다.

9~11개월

★ 사과는 생으로 먹어도 좋지만 구우면 과즙이 풍부해져서 각별한 맛을 즐길 수 있어요. 다양한 조리법을 응용해보세요.

사과 콤포트

조리시간 5분

재료

사과(잘게 썰기) … 2큰술
물 … 2큰술

만드는 법

❶ 사과와 분량의 물을 내열 용기에 넣고 랩을 씌워 전자
레인지에 약 2분 가열한다.

9~11개월

★ 물 대신 사과과즙을 넣으면 사과의 맛이 한층 농축되어 훨씬 맛있어집니다.
★ 콤포트(Compote)는 프랑스어로 '섞기' 라는 뜻으로, 설탕에 졸인 과일을 말합니다. 17세기 프랑스에서 유래한 후식의 일종입니다.

사과 치즈 구이

조리시간 5분

재료

사과 … 1/6개
녹는 치즈(잘게 자르기) … 1작은술

만드는 법

❶ 사과는 껍질과 심을 제거하고 얇게 자른다.
❷ ①을 내열 용기에 담고 녹는 치즈를 얹어 오븐 토스터에 치즈가 노릇하게 익을 때까지 굽는다.

함께 하면 좋은 레시피 : 햄버거(p.172), 진밥(p.51)

★ 오븐 토스터에서 꺼낸 직후에는 뜨거우므로 약간 식힌 후에 먹이도록 하세요.

tip

최고의 재료 궁합 2

- **당근과 시금치 :** 당근과 시금치를 함께 먹이면 소아 빈혈을 예방할 수 있습니다. 시금치의 철분은 조혈작용을 하고 당근은 조혈작용이 원활하도록 도와주는 역할을 합니다.

- **쇠고기와 참기름 :** 쇠고기는 콜레스테롤 수치가 높으니 참기름과 함께 조리하면 좋습니다.

- **토마토와 달걀 :** 함께 먹으면 소화가 잘 됩니다.

- **바나나와 사과 :** 바나나는 탄수화물과 단백질이 풍부하지만 지방은 거의 없습니다. 또한 식물성 섬유의 일종인 펙틴이 함유되어 있어 장기능을 활발하게 하여 변비를 예방해주지만, 변비가 있는 아이에게는 오히려 증상이 악화될 수 있으므로 자주 먹이지 않는 것이 좋습니다. 수분이 부족한 바나나는 수분이 풍부한 사과와 함께 먹으면 좋습니다. 사과 대신 키위도 OK!

- **게와 브로콜리 :** 브로콜리는 몸속의 노폐물을 걸러냅니다. 특히 장속 유해물질을 걸러내는데 효과적인데, 게와 브로콜리를 함께 조리하면 게의 키토산이 브로콜리가 밀어낸 노폐물을 몸밖으로 배출하도록 돕는 작용을 합니다.

딸기주스

조리시간 5분

재료

딸기 … 2개

만드는 법

❶ 딸기를 강판에 곱게 갈아 체에 내린다.

함께 하면 좋은 레시피 : 10배죽(p.50)

5~6개월

★ 딸기 꼭지를 쥐고 빙글빙글 원을 그리듯이 강판에 갈면 간단해요.

딸기 밀크

조리시간 5분

재료

딸기 … 1개
물에 녹인 분유 … 1큰술

만드는 법

❶ 딸기는 강판에 곱게 간다.
❷ ①에 분유를 넣어 묽게 만든다.

함께 하면 좋은 레시피 : 10배죽(p.50)

5~6개월

★ 딸기 입자가 신경 쓰인다면 강판에 곱게 간 후 체에 내려주세요.

딸기 두부 버무리

조리시간 10분

재료

딸기(다지기) … 1큰술
두부(삶아서 으깨기) … 1큰술

만드는 법

❶ 딸기와 두부를 잘 섞어준다.

함께 하면 좋은 레시피 : 흰살생선 단호박 무침(p.177), 7배죽(p.51)

★ 담백한 두부와 새콤달콤한 딸기는 베스트 콤비~. 잘 섞어가면서 먹여주세요.

딸기 치즈 버무리

조리시간 5분

재료

딸기 … 1개
코티지치즈 … 1/2큰술

만드는 법

❶ 딸기는 잘게 썬다.
❷ ①과 코티지치즈를 섞어준다.

함께 하면 좋은 레시피 : 돼지고기 샤브(p.163), 5배죽(p.51)

★ 코티지치즈는 굳어있는 경우도 있으므로 딸기와 섞기 전에 가볍게 풀어 두면 좋겠죠.

딸기 샐러드

조리시간 10분

재료

딸기(잘게 썰기) … 1개분
오이, 무(삶아서 잘게 썰기) … 각 1작은술
플레인 요구르트 … 1작은술

만드는 법

❶ 재료를 전부 잘 섞어준다.

함께 하면 좋은 레시피 : 돼지고기 가지 앙카케(p.164), 5배
죽(p.51)

★ 새콤달콤한 딸기는 샐러드에 딱 어울려요. 간식으로도 추천!

딸기 샌드위치

조리시간 10분

재료

딸기 … 1개
샌드위치용 식빵 … 1장
코티지치즈 … 1작은술

만드는 법

❶ 사과는 두께 5mm로 자른다.
❷ 식빵을 반으로 잘라 코티지치즈를 바른다. 딸기를 빵
사이에 끼워 먹기 좋은 크기로 자른다.

함께 하면 좋은 레시피 : 스고모리 달걀(p.197), 채소수프(p.48)

★ 딸기를 갈아 으깨서 코티지치즈와 섞는 것만으로도 OK! 가벼운 간식으로도 좋아요.

바나나 오렌지주스

조리시간 10분

재료

바나나 … 1/6개
오렌지주스(과즙100%) … 2작은술

만드는 법

❶ 바나나는 매끄러워질 때까지 갈아 으깬다.
❷ ①에 오렌지주스를 넣어 묽게 만든다.

함께 하면 좋은 레시피 : 10배죽(p.50)

5~6개월

★ 오렌지주스는 무첨가 과즙 100%를 고르세요.

바나나 밀크

조리시간 10분

재료

바나나(갈아 으깨기) … 2큰술
물에 녹인 분유 … 1큰술

만드는 법

❶ 바나나에 분유를 넣어 묽게 만든다.

함께 하면 좋은 레시피 : 닭가슴살 시금치 무침(p.167), 빵죽
(p.53)

7~8개월

★ 분유 대신 플레인 요구르트를 사용해도 OK. 요구르트의 신맛이 바나나와 잘 어울립니다.

바나나 찐빵

조리시간 10분

재료

바나나(으깨기) … 1큰술
핫케이크 믹스(시판품) … 1큰술
물에 녹인 분유 … 1큰술

만드는 법

❶ 바나나, 핫케이크 믹스, 분유를 잘 섞는다.
❷ ①을 동그랗게 빚어 내열 용기에 담아 랩을 씌워 전자
레인지에 약 30초 가열한다. 먹기 편한 크기로 자른다.

함께 하면 좋은 레시피 : 채소수프(p.48)

★ 프라이팬에 구우면 바나나 핫케이크로 변신~. 바나나 대신 아기가 좋아하는 과일을 섞어도 좋겠죠.

바나나 버터 구이

조리시간 5분

재료

바나나 … 1/3개
버터 … 약간

만드는 법

❶ 바나나는 두께 7mm 둥글썰기로 자른다.
❷ 프라이팬에 버터를 둘러 달군 후 바나나 양면을 굽
는다.

함께 하면 좋은 레시피 : 샐러드 우동 (p.116)

★ 익히지 않고 전자레인지에 데워도 맛있게 완성됩니다. 내열 용기에 바나나와 버터를 넣고 랩을 씌워서 약 30초 가열합니다.

치즈바나나샌드위치

조리시간 10분

재료

바나나 … 1/4개
샌드위치용 식빵 … 1장
코티지치즈 … 1큰술

만드는 법

❶ 바나나를 얇게 썬다.
❷ 식빵은 반으로 자른다. 체에 내린 코티지치즈를 바른 후 바나나를 사이에 끼우고 먹기 편한 크기로 자른다.

함께 하면 좋은 레시피 : 단호박 돼지고기 소테(p.132), 채소수프(p.48)

1세~1세반

★ 바나나를 갈아 으깨서 코티지치즈와 섞은 후에 빵 사이에 끼워도 맛있게 완성됩니다.

바나나 토스트

조리시간 5분

재료

바나나(두께 7mm로 자르기) … 2장
식빵 … 1/2장

만드는 법

❶ 식빵 귀퉁이를 잘라내고 먹기 편한 크기로 자른다. 바나나도 먹기 편한 크기로 자른다.
❷ ①의 식빵에 바나나를 얹고 오븐 토스터에 노릇해질 때까지 굽는다.

함께 하면 좋은 레시피 : 배추 에그 스크램블(p.141), 채소수프(p.48)

1세~1세반

★ 빵은 손으로 쥐고 먹기 편한 크기로 잘라주세요.

육류

육류에는 양질의 단백질이 풍부하므로, 이유식에 익숙해진 단계에서 재료로 이용하세요.
처음에는 닭가슴살부터 시작해서 조금씩 돼지고기, 다진 고기 등에 도전합니다.

돼지고기 오크라 무침

조리시간 10분

재료

돼지 넓적다리살(삶아서 다지기) … 1큰술
오크라(삶아서 다지기) … 1큰술

만드는 법

❶ 돼지고기와 오크라를 잘 섞어준다.

함께 하면 좋은 레시피 : 시금치 감자 무침(p.126), **5배죽** (p.51)

★ 오크라를 삶은 오이로 대체해서 돼지고기와 버무려도 됩니다. 오크라와 마찬가지로 선명한 초록색이 식탁을 밝게 만듭니다.
★ 꽈리고추와 비슷하게 생긴 오크라(Okra)는 여자손가락 모양과 비슷하다 하여 레이디핑거라고도 불립니다. 긴 표면에 잔털이 없고 각이 없어요. 꼭지가 싱싱하며 선명한 녹색을 띠는 것을 골라, 흐르는 물에 하나하나 씻어 사용하면 됩니다. 잘 씻은 뒤 밀봉하여 냉동보관하는 것이 좋고, 8~10월이 제철입니다.

돼지고기 빵가루 구이

조리시간 15분

재료

돼지 넓적다리살(잘게 썰기) … 1큰술
빵가루 … 1작은술
파슬리 … 약간
분말 치즈 … 약간

만드는 법

1 파슬리, 빵가루, 분말 치즈를 잘 섞어준다.
2 돼지고기를 동그랗게 빚어 ①을 꼼꼼하게 묻혀 타원형으로 가지런하게 만든다.
3 오븐 토스터에 완전히 익을 때까지 굽는다.

함께 하면 좋은 레시피 : 채소수프(p.48), 5배죽(p.51)

★ 돼지고기에 옷을 입힌 후 샐러드유를 약간 두른 프라이팬에 구우면 즙이 많은 색다른 맛을 느낄 수 있어요.

애플 포크

조리시간 10분

재료

돼지 넓적다리살(잘게 썰기) … 1큰술
사과(체에 내리기) … 2큰술

만드는 법

1 작은 냄비에 돼지고기와 사과를 넣고 돼지고기가 익을 때까지 익힌다.

함께 하면 좋은 레시피 : 시금치 감자 무침(p.126), 5배죽(p.51)

★ 내열 용기에 돼지고기와 사과를 넣고 랩을 씌워 전자레인지에 약 20초 가열해도 OK! 돼지고기가 완전히 익었는지 반드시 체크하세요.

채소 듬뿍 돼지고기 수프

조리시간 15분

재료

돼지 넓적다리살(잘게 썰기) ··· 1큰술
당근, 양파(길이 1cm로 채썰기) ··· 각 1/2큰술
시금치(삶아서 잘게 썰기) ··· 1/2큰술
채소수프 ··· 1/2컵

만드는 법

❶ 작은 냄비에 당근, 양파, 채소수프를 넣고 삶는다.
❷ 돼지고기가 익고, 당근과 양파가 부드러워지면 시금치를 곁들여 완성한다.

함께 하면 좋은 레시피 : 소면 전(p.119)

9~11개월

★ 시금치는 한 번 삶아 두었으므로, 마지막에 넣어서 데워질 정도면 됩니다.

돼지고기 샤브

조리시간 10분

재료

샤브샤브용 돼지고기(삶아서 잘게 썰기) ··· 1큰술
무(체에 내리기) ··· 2작은술

만드는 법

❶ 돼지고기와 무를 잘 섞어준다.

함께 하면 좋은 레시피 : 토마토 오이 샐러드(p.129), 5배죽 (p.51)

9~11개월

★ 무 대신 오이를 체에 내려 버무려도 OK. 입에 닿는 감촉이 좋도록 껍질은 벗기세요.

돼지고기 토마토 찜

조리시간 10분

재료

돼지 넓적다리살(다지기)… 1큰술
토마토(팔팔 끓는 물에 살짝 데쳐서 껍질과 씨를 제거한 후
잘게 썰기)… 1큰술

만드는 법

❶ 작은 냄비에 돼지고기와 토마토를 넣고 볶듯이 돼지
고기가 익을 때까지 익힌다.

함께 하면 좋은 레시피 : 당근 치즈 샌드위치(p.111)

★ 볶으면서 익히면 돼지고기에 토마토의 맛이 스며듭니다. 눌어붙지 않도록 주의하세요.

돼지고기 가지 앙카케

조리시간 10분

재료

가지(껍질을 벗겨 잘게 썰기) … 1큰술
돼지 넓적다리살(잘게 썰기) … 1큰술
다시국물 … 1/4컵
물에 녹인 전분 … 약간

만드는 법

❶ 작은 냄비에 가지, 돼지고기, 다시국물을 넣고 끓인다.

❷ 가지와 돼지고기가 익으면, 물에 녹인 전분을 넣고 걸쭉
해질 때까지 원을 그리듯 저어준다.

함께 하면 좋은 레시피 : 된장국, 5배죽(p.51)

★ 가지 껍질을 벗기기 힘들 때에는 가지를 랩에 싸서 전자레인지에 부드러워질 때까지 가열합니다.
　 식은 후 스푼으로 속살을 퍼내도 OK.
★ 앙카케는 감자, 고구마, 옥수수 등의 전분으로 만든 국물을 얹은, 점성 있는 요리를 말합니다.

★ 당근과 아스파라거스 대신 감자와 가지 등을 말아서 만들어도 OK. 다양한 채소에 도전해보세요.

채소롤말이

조리시간 20분

재료

샤브샤브용 돼지고기 … 20g
당근, 그린아스파라거스(삶아서 채썰기) … 각 1작은술
토마토(팔팔 끓는 물에 살짝 데쳐서 껍질과 씨를 제거한 후 체에 내리기) … 1작은술
샐러드유, 소금 … 약간씩

만드는 법

❶ 돼지고기에 당근과 아스파라거스를 얹어서 만다.
❷ 프라이팬에 샐러드유를 두르고 달궈지면 ①을 굴려가면서 굽는다.
❸ ②가 노릇노릇해지면 토마토를 넣어 익히고, 소금으로 간을 한다.

함께 하면 좋은 레시피 : 당근 볶음(p.123), 진밥(p.51)

돼지고기 채소 구이

조리시간 10분

재료

샤브샤브용 돼지고기(폭 1cm로 자르기) … 1큰술
송이버섯(잘게 썰기) … 1/2작은술
양파(잘게 썰기) … 1/2작은술

만드는 법

❶ 알루미늄 호일에 돼지고기, 송이버섯, 양파를 싸고 호일의 가장자리를 비틀어 고정시킨다.
❷ 오븐 토스터에 약 5분간 굽는다.

함께 하면 좋은 레시피 : 된장국, 진밥(p.51)

★ 돼지고기는 푹 익을 때까지 구우세요. 치즈를 약간 얹어 녹이면 한 단계 업그레이드된 맛을 느낄 수 있어요.

돼지고기 피자풍

조리시간 10분

재료

샤브샤브용 돼지고기(폭 1㎝로 자르기) … 1큰술
피망(다지기), 토마토케첩 … 각 1/2작은술
녹는 치즈 … 1작은술

만드는 법

❶ 돼지고기를 모아서 평평하게 만들고 피망, 토마토케첩, 치즈를 얹는다.
❷ ①을 내열 용기에 담고 오븐 토스터에 돼지고기가 익을 때까지 굽는다.

함께 하면 좋은 레시피 : 채소수프(p.48), 진밥(p.51)

1세~1세반

★ 돼지고기를 피자 도우 대신 사용하고 있어요. 아기가 먹기 편하도록 돼지고기는 반드시 잘라서 먹여주세요.

중화풍 고추잡채

조리시간 10분

재료

돼지 넓적다리살(길이 1㎝로 채썰기) … 1큰술
피망(길이 1㎝로 채썰기) … 1/2작은술
표고버섯(줄기를 잡고 길이 1㎝로 채썰기) … 1/2작은술
샐러드유, 간장 … 약간씩

만드는 법

❶ 프라이팬에 샐러드유를 둘러 달군 후 돼지고기를 볶는다.
❷ 돼지고기가 익으면 피망과 표고버섯을 넣어 볶고, 간장으로 간을 한다.

함께 하면 좋은 레시피 : 시금치 무침(p.126), 진밥(p.51)

1세~1세반

★ 삶은 오뎅 50g을 함께 볶으면 야키우동이 됩니다.

닭가슴살은 **7~8개월** 무렵부터 먹일 수 있습니다.

닭가슴살 시금치 무침

조리시간 10분

재료

닭가슴살(삶아서 다지기)…2작은술
시금치 (부드럽게 데쳐서 다지기)…1큰술

만드는 법

❶ 닭가슴살과 시금치를 잘 섞어준다.

함께 하면 좋은 레시피 : 브로콜리 당근 무침(p.134), **7배죽**(p.51)

★ 시금치 대신 다진 토마토 1큰술을 넣어도 좋습니다. 토마토는 껍질과 씨를 제거하세요.

닭가슴살 그라탱

조리시간 15분

재료

닭가슴살(삶아서 다지기) … 2작은술
감자(부드럽게 삶아서 갈아 으깨기) … 1큰술
물에 녹인 분유 … 1작은술, 분말 치즈 … 약간

만드는 법

❶ 감자와 분유를 잘 섞어준다.
❷ 닭가슴살을 한데 모아서 ①을 얹고 분말 치즈를 뿌린다.
❸ ②를 내열 용기에 담고 오븐 토스터에 노릇해질 때까지 굽는다.

함께 하면 좋은 레시피 : 토마토 고구마 무침(p.127), **7배죽**(p.51)

★ 감자에 분유를 섞는 것으로 부드러운 맛을 느낄 수 있어요.

닭가슴살 토마토 찜

조리시간 10분

재료

닭가슴살(다지기) … 1큰술
토마토 (팔팔 끓는 물에 살짝 데쳐서 껍질과 씨를 제거한 후
다지기) … 1큰술
채소수프 … 1큰술

만드는 법

❶ 작은 냄비에 닭가슴살, 토마토, 채소수프를 넣고 닭가슴
살이 익을 때까지 끓인다.

**함께 하면 좋은 레시피 : 시금치 감자 샐러드(p.143), 7배죽
(p.51)**

7~8개월

★ 토마토 대신 시금치를 사용하면 초록색 찜요리로 변신~. 브로콜리도 OK.

닭가슴살 오이 무침

조리시간 10분

재료

닭가슴살(사방 7mm로 자르기) … 1큰술
오이(삶아서 다지기) … 1작은술
전분 … 약간

만드는 법

❶ 닭가슴살에 전분을 입혀 삶는다.
❷ ①과 오이를 섞어준다.

함께 하면 좋은 레시피 : 채소수프(p.48), 5배죽(p.51)

9~11개월

★ 닭가슴살에 전분을 입히는 것으로 매끄러운 식감을 느낄 수 있어요. 술술 넘어가는 먹기 편한 메뉴에요.

닭가슴살 전병

조리시간 10분

재료

닭가슴살 … 1/6개

만드는 법

❶ 닭가슴살은 반으로 잘라 랩을 씌워 국수 방망이를 굴려서 얇게 늘린다.

❷ 랩을 벗기고 내열 용기에 담아 오븐 토스터에 노릇노릇하게 굽는다.

함께 하면 좋은 레시피 : 토마토 오이 샐러드(p.129), **5배죽**(p.51)

★ 손으로 쥐고 먹기 편하므로, 손으로 쥐고 먹기 연습에 딱!이에요. 약간 식힌 후에 먹이세요.

치킨 샐러드

조리시간 10분

재료

닭가슴살(삶아서 사방 7mm~1cm로 자르기) … 1큰술
브로콜리(부드럽게 데쳐서 다지기) … 1작은술
플레인 요구르트 … 1작은술
소금 … 약간

만드는 법

❶ 닭고기, 브로콜리, 요구르트를 잘 섞고, 소금으로 간을 한다.

함께 하면 좋은 레시피 : 채소수프(p.48), **진밥**(p.51)

★ 브로콜리 대신 삶은 옥수수를 넣어도 좋아요.

다진 닭고기는 7~8개월 무렵부터,
다진 돼지고기는 9~11개월 무렵부터 먹일 수 있습니다.

고기경단 수프

조리시간 15분

재료

다진 닭고기 … 20g, 전분 … 1/4작은술
배추(다지기) … 1작은술, 채소수프 … 1/4컵

만드는 법

❶ 다진 고기에 전분을 넣고 잘 섞어준다.
❷ ①을 먹기 편한 크기로 빚는다.
❸ 작은 냄비에 채소수프, 배추, ②를 넣고 익을 때까지 푹 삶는다.

함께 하면 좋은 레시피 : 토마토 오이 샐러드(p.129), 5배죽(p.51)

★ 시금치와 당근 등 채소를 듬뿍 넣어도 좋습니다~.

무 소보로 앙카케

조리시간 15분

재료

무(잘게 썰기) … 2큰술, 다진 닭고기 … 20g
다시국물 … 1/4컵, 물에 녹인 전분 … 1작은술

만드는 법

❶ 작은 냄비에 무, 다시국물을 넣고 익힌다.
❷ 무가 부드러워지면 다진 고기를 넣어 익을 때까지 푹 삶는다.
❸ ②에 물에 녹인 전분을 붓고 저어가면서 걸쭉하게 만든다.

함께 하면 좋은 레시피 : 배추나물(p.140), 5배죽(p.51)

★ 물에 녹인 전분을 넣어 걸쭉하게 만드는 것으로, 국물이 먹기 편해집니다.

완탕

조리시간 15분

재료

다진 돼지고기 … 20g
완탕 피(시판품) … 2장
채소수프 … 1/4컵

만드는 법

❶ 완탕 피를 대각선상의 반으로 자른다.
❷ 완탕 피로 다진 고기를 싸서 삶는다.
❸ 완탕을 그릇에 담고 데운 채소수프를 붓는다.

함께 하면 좋은 레시피 : 연어 볶음밥(p.183)

★ 다진 고기에 시금치를 섞어도 OK! 시금치는 부드럽게 데쳐서 다진 것 1작은술 분량이면 됩니다.

마파잡채 조리시간 15분

재료

당면 … 5g
당근, 파(다지기) … 각 1/2작은술
다진 돼지고기 … 5g, 채소수프 … 1/4컵
샐러드유, 간장 … 약간씩

만드는 법

❶ 당면은 뜨거운 물에 불려 길이 1cm로 자른다.
❷ 프라이팬에 샐러드유를 둘러 달구고, 당근, 파, 다진 고
기를 볶는다.
❸ ②에 당면을 넣어 살짝 볶고 채소수프를 넣고 간장으
로 간을 한다.

함께 하면 좋은 레시피 : 채소수프(p.48), 진밥(p.51)

★ 당면을 너무 많이 불리지 않도록 주의하세요. 수프를 흡수하기 힘든 상태가 되어 물기 많은 상태로 완성이 됩니다.

1세~1세반

햄버거 조리시간 15분

재료

쇠고기 돼지고기를 반반 넣고 다진 고기 … 20g
양파(강판에 갈기) … 1작은술
빵가루 … 1작은술
달걀 푼 것 … 1작은술
샐러드유 … 약간

만드는 법

① 다진 고기, 양파, 빵가루, 달걀을 잘 섞어준다.
② ①을 먹기 편한 크기로 빚는다.
③ 프라이팬에 샐러드유를 둘러 달군 후, ②의 양면을 굽는다.

함께 하면 좋은 레시피 : 채소수프(p.48), **진밥**(p.51)

★ 소금을 약간 넣어서 간을 해도 좋겠죠. 단 너무 많이 넣지 않도록 주의하세요.

중화풍 완자 조리시간 15분

재료

다진 돼지고기 … 20g
말린 표고버섯(뜨거운 물에 불린 후 다지기) … 1/4작은술
전분 … 1/4작은술
채소수프 … 1/4컵
참기름, 소금 … 약간씩
물에 녹인 전분 … 1작은술

만드는 법

① 다진 고기, 표고버섯, 전분을 잘 섞어서 먹기 편한 크기로
빚는다.
② 프라이팬에 참기름을 둘러 달군 후, ①이 다 익을 때까지
구워 채소수프와 소금을 넣는다.
③ ②에 물에 녹인 전분을 넣고 휘휘 저어준다.

함께 하면 좋은 레시피 : 채소수프(p.48), **진밥**(p.51)

1세~1세반

★ 내용물로 채소를 넣으면 볼륨업! 당근, 강낭콩, 양파를 1작은술씩 다져서 볶은 후 수프를 첨가해주세요.

식사예절

아기의 본보기가 되는 식사방식을 엄마아빠가 먼저 실천하세요

식사예절이나 매너는 유아기에 들어선 후에 가르쳐도 늦지 않습니다. 실제로 수저나 포크를 사용하게 되는 것은 1세 이후이며, 올바른 젓가락 사용법은 4세 이후가 몸에 익히기 쉬운 것으로 알려져 있습니다. 단, 이유식이 진행되면서 가족끼리 식탁에 둘러앉는 기회가 늘어나게 되면 어른이 매너를 지켜야만 합니다. 아기는 손으로 집어먹으면서도 어른의 식사방법을 보고 숟가락, 포크, 젓가락 등의 사용법을 배우기 때문입니다. 아빠와 엄마가 본보기가 된다는 것을 염두에 두고 식사를 하는 것이 중요합니다.

또 식사 중에는 텔레비전을 끄고 "잘 먹겠습니다" "잘 먹었습니다"와 같은 인사를 하면서 식사하고, 식사 중에는 일어서서 돌아다니지 않는 등 앞으로 아이에게 가르쳐주고 싶은 것, 우리 집의 규칙으로 삼고 싶은 것은 빠른 시일 내에 서로 의견을 주고받은 후 실행에 옮기면, 아이도 자연스럽게 습관을 들일 수 있겠죠.

음식물이 목에 걸리는 질식사고에 주의하세요

0~4세는 질식사고가 많은 시기입니다. 먹을 수 있는 음식의 종류가 늘어나게 되면 그만큼 위험도 증가하므로 주의가 필요합니다. 음식을 먹일 때에는 '장난치게 하지 않는다' '울리지 않는다' '빨리 먹으라고 재촉하지 않는다'를 원칙으로 합니다.

질식사고로 이어지기 쉬운 견과류나 방울토마토, 단무지, 전병, 떡 등은 조심하세요. 식사를 할 때에는 아이의 상태를 잘 관찰하는 것이 무척! 중요합니다.

단백질이 풍부한 건강 음식

생선

생선에는 육류와 마찬가지로 단백질이 풍부하고,
건강을 유지시키는 데 있어서 빠져서는 안 되는 영양이 가득합니다.
처음에는 소량을 먹으므로, 회를 뜬 살점을 이용하면 편리합니다.

흰살생선은 5~6개월부터 먹일 수 있습니다.

흰살생선 양배추 미음

조리시간 10분

재료

흰살생선(삶아서 갈아 으깨기) ⋯ 1작은술
양배추(부드럽게 삶아서 갈아 으깨기) ⋯ 1큰술
다시국물 ⋯ 1큰술

만드는 법

❶ 흰살생선과 양배추를 잘 섞고 다시국물로 묽게 만든다.

함께 하면 좋은 레시피 : 당근 우동(p.113)

5~6개월

★ 양배추의 섬유질이 남지 않도록 잘 갈아 으깨세요. 그래도 섬유질이 많은 것 같으면 체에 내려주세요.

흰살생선 우동

조리시간 20분

재료

우동(건면) ⋯ 10g
흰살생선(다지기) ⋯ 1작은술
시금치, 당근(부드럽게 삶아서 다지기) ⋯ 각 1작은술
다시국물 ⋯ 3큰술

만드는 법

❶ 우동은 삶아서 다진다.
❷ 작은 냄비에 당근, 흰살생선, 다시국물을 넣고 끓인다.
❸ 흰살생선이 다 익으면 우동과 시금치를 넣고, 우동이
부드러워질 때까지 푹 끓인다.

함께 하면 좋은 레시피 : 사과 고구마 찜(p.151)

7~8개월

★ 흰살생선은 횟감을 사용하면 편리합니다. 뼈를 발라낼 필요도 없고 양도 측정하기 편리해요.

흰살생선 감자 무침

조리시간 10분

재료
흰살생선(삶아서 으깨기) … 1작은술
감자(부드럽게 삶아서 으깨기) … 2작은술
채소수프 … 1작은술

만드는 법
❶ 흰살생선과 감자를 잘 섞고, 채소수프로 묽게 만든다.

함께 하면 좋은 레시피 : 무 우동(p.114)

★ 감자 대신 고구마를 첨가해도 OK! 단맛이 증가해서 또 다른 맛을 느낄 수 있어요.

흰살생선 콘프레이크 밀크 찜

조리시간 10분

재료
흰살생선(삶아서 으깨기) … 1작은술
콘프레이크 … 1큰술
물에 녹인 분유 … 1큰술

만드는 법
❶ 내열 용기에 콘프레이크와 분유를 넣고,
랩을 씌워 전자레인지에 약 20초 가열한다.
❷ ①에 흰살생선을 넣고 잘 섞어준다.

함께 하면 좋은 레시피 : 시금치 죽(p.108)

★ 콘프레이크를 부드럽게 끓이면, 전분을 넣지 않아도 자연스럽게 걸쭉해집니다.

흰살생선 단호박 무침

조리시간 10분

재료

흰살생선(삶아서 다지기) … 1작은술
단호박(삶아서 으깨기) … 2작은술
다시국물 … 1작은술

만드는 법

❶ 흰살생선과 단호박을 잘 섞고 다시국물로 묽게 만든다.

함께 하면 좋은 레시피 : 토마토 즙(p.127), 7배죽(p.51)

★ 단호박이 수분을 많이 포함하고 있는 듯하면 다시국물을 첨가하지 않아도 됩니다. 단호박의 수분에 맞춰 조절하세요.

흰살생선 토란 무침

조리시간 10분

재료

흰살생선(삶아서 다지기) … 1큰술
토란(삶아서 으깨기) … 1큰술
다시국물 … 1큰술

만드는 법

❶ 흰살생선과 토란을 잘 섞고, 다시국물로 묽게 만든다.

함께 하면 좋은 레시피 : 양배추 소면(p.118)

★ 다시국물의 양은 토란의 굳기에 맞춰 조절하세요.

흰살생선 앙카케

조리시간 10분

재료

흰살생선(삶아서 가볍게 발라내기) … 1큰술
다시국물 … 1큰술
물에 녹인 전분 … 약간

만드는 법

❶ 내열 용기에 다시국물과 물에 녹인 전분을 넣고
전자레인지에 약 20초 가열한다.
❷ 흰살생선에 ①을 붓는다.

함께 하면 좋은 레시피 : 시금치 감자 무침(p.126), **5배죽**
(p.51)

9~11개월

★ 다시국물과 물에 녹인 전분을 가열한 것에, 데쳐서 다진 채소를 첨가하면 영양만점입니다. 아기가 좋아하는 채소를 넣어주세요.
★ 앙카케는 감자, 고구마, 옥수수 등의 전분으로 만든 국물을 얹은, 점성 있는 요리를 말합니다.

흰살생선 리조또

조리시간 15분

재료

진밥(p.51) … 70g
브로콜리, 당근, 양파(다지기) … 각 1작은술
흰살생선(다지기) … 1큰술
토마토(팔팔 끓는 물에 살짝 데쳐서 껍질과 씨를 제거한
후 강판에 갈기) … 2큰술

만드는 법

❶ 작은 냄비에 재료를 전부 넣고 채소가 부드러워질 때
까지 익힌다.

함께 하면 좋은 레시피 : 채소수프(p.48)

9~11개월

★ 전자레인지에 가열하면 좀 더 간단하게 만들 수 있어요. 내열 용기에 재료를 전부 담아 랩을 씌워 30초 가열합니다.

흰살생선, 가지, 토마토 구이

조리시간 15분

재료

흰살생선 … 15g
가지(껍질을 벗기고 잘게 썰기) … 1큰술
토마토(팔팔 끓는 물에 살짝 데쳐서 껍질과 씨를 제거한 후 강판에 갈기) … 1큰술

만드는 법

❶ 흰살생선은 사방 5~8mm로 썬다.
❷ 내열 용기에 가지, 흰살생선, 토마토 순으로 포개어 담고 오븐 토스터에 흰살생선이 익을 때까지 굽는다.

함께 하면 좋은 레시피 : 채소수프(p.48), **5배죽**(p.51)

9~11개월

★ 3중찜을 해도 맛있게 완성됩니다. 가지와 토마토를 함께 익혀서 소스를 만들고 삶은 흰살생선 위에 뿌리세요.

흰살생선 피카타

조리시간 10분

재료

흰살생선(한 입 크기로 자르기) … 2큰술
달걀 푼 것 … 2작은술
밀가루, 샐러드유 … 약간씩

만드는 법

❶ 흰살생선에 밀가루와 달걀을 차례로 입힌다.
❷ 프라이팬에 샐러드유를 둘러서 달군 후 ①의 양면을 굽는다.

함께 하면 좋은 레시피 : 시금치 무침(p.126), **진밥**(p.51)

1세~1세반

★ 달걀 푼 것에 다진 파슬리를 약간 첨가하면 색감이 좋아져요.
★ 피카타(Piccata)는 고기나 생선을 얇게 썰어 구운 것에 소스와 레몬즙을 치고 파슬리를 곁들인 이탈리아 요리입니다.

7~8개월 무렵이 되어 흰살생선에 익숙해졌다면
연어나 **참치** 등 **붉은살생선**을 먹어도 좋습니다.

참치 오크라 무침

조리시간 10분

재료

참치, 오크라(삶아서 잘게 썰기) … 각 1큰술

만드는 법

❶ 참치와 오크라를 잘 버무린다.

함께 하면 좋은 레시피 : 토마토 오이 샐러드(p.129), **5배
죽**(p.51)

★ 참치는 횟감을 사용하면 편리합니다. 뼈를 발라낼 필요가 없고, 양도 재기 편해요.

참치 장조림

조리시간 10분

재료

참치 … 15g
파(다지기) … 1작은술
다시국물 … 1/2컵
간장 … 약간

만드는 법

❶ 참치는 사방 8mm로 썬다.
❷ 작은 냄비에 다시국물과 ①을 넣고 참치가 익을 때까
지 삶는다.
❸ 파를 첨가하고, 간장으로 간을 한다.

함께 하면 좋은 레시피 : 단호박 요구르트 무침(p.131), **채
소수프**(p.48), **5배죽**(p.51)

★ 다시국물 대신 강판에 간 토마토 5큰술을 첨가하면 이탈리아 요리가 됩니다.

참치 소테

조리시간 10분

재료

참치 … 15g
전분, 샐러드유, 소금 … 약간씩

만드는 법

❶ 참치는 한 입 크기로 잘라 소금을 뿌리고 전분을 얇게 입힌다.
❷ 프라이팬에 샐러드유를 둘러 달군 후 ①의 양면을 굽는다.

함께 하면 좋은 레시피 : 시금치 무침(p.126), 된장국, 진밥(p.51)

1세~1세반

★ 소테(Saute)는 건식열 조리방법 중에서도 전도열에 의한 대표적인 조리방법으로 서양요리의 기본조리법입니다. 비프스테이크 소테, 포크 소테, 치킨 소테 등이 대표적이죠. 채소나 면류를 버터에 볶은 것도 소테라 하며 고기 요리에 곁들입니다.
★ 전분 대신 밀가루를 묻히고 달걀 푼 것을 입히면 피카타가 됩니다. 프라이팬에 샐러드유를 둘러 달군 후 양면을 구워주세요.

잔멸치 두부 무침

조리시간 10분

재료

마른 잔멸치 … 1/2작은술
두부(삶아서 으깨기) … 1큰술
강낭콩(삶아서 다지기) … 1/2작은술

만드는 법

❶ 마른 잔멸치는 차 망에 담고 뜨거운 물을 끼얹어 염분을 제거하고 다진다.
❷ 마른 잔멸치, 두부, 강낭콩을 잘 섞어준다.

함께 하면 좋은 레시피 : 양배추 미음(p.137), 7배죽(p.51)

7~8개월

★ 일반 두부보다 순두부를 사용하면 매끄러운 식감을 느낄 수 있어요.

잔멸치는 이유식을 시작한 지 **1개월** 정도가 지나고 나서,
참치나 연어 통조림은 7~8개월 무렵부터 먹이세요.

7~8개월

잔멸치 당근 무침

조리시간 10분

재료

마른 잔멸치 … 1/2작은술
당근(부드럽게 삶아서 으깨기) … 1큰술

만드는 법

❶ 마른 잔멸치는 차 망에 담고 뜨거운 물을 끼얹어 염분을
제거하고 다진다.
❷ 마른 잔멸치와 당근을 잘 섞어준다.

**함께 하면 좋은 레시피 : 닭가슴살 시금치 무침(p.167), 7
배죽(p.51)**

★ 당근 대신 부드럽게 삶아서 으깬 단호박을 넣어도 좋아요.

잔멸치 전

조리시간 15분

재료

마른 잔멸치, 밀가루 … 각 1작은술
감자(강판에 갈기) … 1큰술
샐러드유 … 약간

만드는 법

❶ 마른 잔멸치는 차 망에 담아 뜨거운 물을 끼얹어 염분
을 제거하고 다진다.
❷ 마른 잔멸치, 감자, 밀가루를 혼합해 하나로 뭉친다.
❸ 프라이팬에 샐러드유를 둘러 달군 후, ②의 양면을 굽
는다.

**함께 하면 좋은 레시피 : 브로콜리 달걀 샐러드(p.134), 된
장국**

★ 강판에 간 당근을 플러스해도 OK! 단맛이 증가하고 영양도 업!

9~11개월

연어 철판구이

조리시간 10분

재료

연어(통조림) ··· 1큰술
양배추(삶아서 다지기) ··· 1큰술
샐러드유 ··· 약간

만드는 법

❶ 프라이팬에 샐러드유를 둘러 달군 후 양배추와 연어를 볶는다.

함께 하면 좋은 레시피 : 단호박 오렌지 찜(p.131), 5배죽 (p.51)

9~11개월

★ 양배추는 삶지 않고 그대로 볶아도 OK. 부드러워질 때까지 확실히 볶으세요.

연어 볶음밥

조리시간 10분

재료

달걀 푼 것 ··· 1/3개분
진밥(p.51) ··· 70g
연어(통조림) ··· 2작은술
파(다지기) ··· 1/2작은술
샐러드유 ··· 약간

만드는 법

❶ 프라이팬에 샐러드유를 둘러 달군 후 달걀을 넣고 볶는다.
❷ ①에 진밥, 연어, 파를 넣고 볶는다.

함께 하면 좋은 레시피 : 채소수프(p.48)

9~11개월

★ 밥은 볶지 않고, 요리 후에 섞어주기만 해도 됩니다. 따뜻한 진밥에 연어와 볶은 달걀을 섞어주세요.

연어 양파 조림

조리시간 10분

재료

연어(통조림) … 1큰술
양파(강판에 갈기) … 1큰술
다시국물 … 1큰술

만드는 법

❶ 내열 용기에 연어, 양파, 다시국물을 담아 섞어준다.
❷ 랩을 씌워 전자레인지에 약 20초 가열한다.

함께 하면 좋은 레시피 : 샐러드 우동(p.116)

9~11개월

★ 양파는 강판에 갈지 않고 다져도 됩니다. 이유식의 진행 정도에 맞추어 조절하세요.

참치 샐러드

조리시간 10분

재료

양상추(삶아서 잘게 썰기) … 1큰술
오이(길이 1cm로 채썰기) … 1작은술
참치(통조림) … 1작은술

만드는 법

❶ 양상추, 오이, 참치를 잘 섞어준다.

함께 하면 좋은 레시피 : 에그 토스트(p.111)

1세~1세반

★ 양상추는 흐물흐물하고 얇아서 아기에게는 먹기 힘든 재료입니다. 삶아서 잘게 자르면 좋습니다.

★ 뇨키(gnocchi)는 버터와 치즈에 버무린 이탈리아의 파스타요리로, 우리나라 수제비와 비슷합니다.

연어 토마토 뇨키

조리시간 15분

재료

감자(삶아서 갈아 으깨기) … 1큰술
밀가루 … 1/2큰술
토마토(팔팔 끓는 물에 살짝 데쳐서 껍질과 씨를 제거한
후 다지기) … 1큰술
채소수프 … 1큰술
연어(통조림) … 1큰술

만드는 법

❶ 감자에 밀가루, 물 소량(분량 외)을 넣고 잘 섞어 귓불
정도의 굳기로 만든다.
❷ 냄비에 물을 팔팔 끓여 먹기 좋은 크기로 동그랗게
빚은 ①을 넣고, 떠오르기 시작하면 건져낸다.
❸ 작은 냄비에 채소수프, 연어, 토마토를 넣고 끓인다.
❹ ②에 ③을 묻힌다.

함께 하면 좋은 레시피 : 채소수프(p.48), 식빵 1/2장

참치 밀크 파스타

조리시간 15분

재료

샐러드스파게티 … 15g
참치(통조림) … 2작은술
브로콜리(잘게 썰기) … 2작은술
채소수프, 우유 … 각 2큰술
소금 … 약간

만드는 법

❶ 스파게티는 삶아서 길이 1~2cm로 자른다.
❷ 작은 냄비에 채소수프와 참치, 브로콜리를 넣고 끓인다.
❸ ②에 스파게티와 우유를 넣고 한소끔 끓인 후 소금으로
간을 한다.

함께 하면 좋은 레시피 : 단호박 치즈 구이(p.132)

★ 스파게티는 손으로 작게 부러뜨려서 삶아도 OK.

부족해지기 쉬운 칼슘 보충
유제품

유제품은 현대인에게 부족해지기 쉬운 칼슘을 많이 함유하고 있습니다.
7개월이 지날 무렵부터 조금씩 아기에게 먹여보세요.
치즈는 종류에 따라 염분이 다르므로 반드시 확인하세요.

유제품은 7~8개월 무렵부터 먹일 수 있습니다.

프루츠 요구르트

조리시간 5분

재료

귤(으깨기)··· 1큰술
플레인 요구르트··· 1큰술

만드는 법

❶ 귤과 요구르트를 잘 섞어준다.

함께 하면 좋은 레시피 : 양배추 두부 무침(p.137), 토마토 우동(p.114)

★ 계절에 맞춰 귤 대신 바나나나, 딸기를 사용해도 신선한 맛을 느낄 수 있어요.

고구마 요구르트

조리시간 10분

재료

고구마(부드럽게 삶아서 으깨기)··· 1큰술
플레인 요구르트···2작은술

만드는 법

❶ 고구마와 요구르트를 잘 섞어준다.

함께 하면 좋은 레시피 : 흰살생선 우동(p.175)

★ 물에 녹인 분유에 고구마를 끓이면 밀크찜이 됩니다. 분유의 분량은 플레인 요구르트와 같아요.

단호박 요구르트

조리시간 10분

재료

플레인 요구르트 … 1큰술
단호박(부드럽게 삶아서 사방 5mm로 자르기) … 1큰술

만드는 법

❶ 요구르트와 단호박을 잘 섞어준다.

함께 하면 좋은 레시피 : 토마토 흰살생선 무침(p.128), 7배죽(p.51)

★ 단호박 대신 고구마를 사용하면 고구마 요구르트가 됩니다.

프루츠 샐러드

조리시간 5분

재료

코티지치즈 … 2작은술
사과 콤포트(p.152) … 1큰술

만드는 법

❶ 코티지치즈를 체에 내려서 사과와 잘 섞어준다.

함께 하면 좋은 레시피 : 샐러드 우동(p.116)

★ 사과 콤포트 대신 복숭아 통조림도 OK.

바나나 크레이프

조리시간 15분

재료

핫케이크 믹스(시판품)…1큰술
우유…1큰술
코티지치즈…1작은술
바나나…(잘게 썰기)…1작은술
샐러드유…약간

만드는 법

❶ 핫케이크 믹스와 우유를 잘 섞는다.
❷ 프라이팬에 샐러드유를 둘러 달군 후 ①을 넣고 눌어붙지 않도록 신경 쓰면서 양면을 굽는다.
❸ ①의 위에 코티지치즈와 바나나를 얹어서 싼다.

함께 하면 좋은 레시피 : 오렌지주스(과즙100%)

★ 크레이프 지단은 최대한 얇게 구우세요. 핫케이크 믹스는 쉽게 부풀어 오르므로 눌러가면서 구우세요.

치즈 도라야키

조리시간 15분

재료

핫케이크 믹스(시판품)…2큰술
우유…1큰술
코티지치즈…2작은술
바나나(잘게 썰기)…1작은술
샐러드유…약간

만드는 법

❶ 핫케이크 믹스와 우유를 잘 섞는다.
❷ 프라이팬에 샐러드유를 둘러 달군 후 ①을 1/4씩 부어 양면을 굽는다. 작은 핫케이크를 4장 만든다.
❸ ②에 코티지치즈와 바나나를 얹고, 다른 한 장을 그 위에 얹는다.

함께 하면 좋은 레시피 : 오렌지주스(과즙100%)

★ 아기가 손으로 쥐기 편하도록 작게 만들어서 먹입니다. 재료 속을 너무 많이 넣으면 흘리므로 주의하세요.
★ 도라야키는 밀가루, 달걀, 설탕을 섞어 반죽한 후 둥글납작하게 구워 두 쪽을 맞붙인 사이에 팥소를 넣은 일본과자입니다.

프루츠 콘프레이크

조리시간 5분

재료

딸기, 바나나, 키위 (사방 1㎝로 자르기) … 각 1/2큰술
플레인 요구르트 … 2큰술
콘프레이크 … 1큰술

만드는 법

❶ 모든 재료를 잘 섞어준다.

함께 하면 좋은 레시피 : 피자 토스트(p.112)

★ 요구르트 대신 우유를 사용하면 깔끔한 맛을 느낄 수 있습니다. 간식으로도 아주 좋아요~.

요구르트 팬케이크

조리시간 10분

재료

플레인 요구르트 … 1큰술
핫케이크 믹스(시판품) … 2큰술
샐러드유 … 약간

만드는 법

❶ 요구르트와 핫케이크 믹스를 잘 섞는다.
❷ 프라이팬에 샐러드유를 둘러 달군 후 ①을 1/2분량씩 넣고 양면을 굽는다.

함께 하면 좋은 레시피 : 단호박 돼지고기 소테 (p.132)

★ 강판에 간 당근 1작은술을 첨가하면 당근 팬케이크가 됩니다.

딸기 밀크젤리

조리시간 20분 (식히는 시간은 별도)

재료

딸기 … 1개
분말 젤라틴 … 1g
물 … 1큰술
설탕 … 약간
우유 … 2큰술

만드는 법

❶ 딸기는 다진다.
❷ 내열 용기에 분량의 물을 담아 분말 젤라틴을 넣고 풀어준다. 5분 정도 지난 후 랩을 씌워 전자레인지에 약 20초 가열해서 젤라틴을 녹인다.
❸ ②에 설탕, 우유를 넣고 잘 섞어준다. 여기에 ①을 넣고 냉장고에서 식혀서 굳힌다.

★ 딸기 이외에도 귤, 복숭아 등 선호하는 과일을 사용해 프루츠 밀크 젤리를 만들어보세요.

오렌지 요구르트

조리시간 5분

재료

플레인 요구르트 … 2큰술
오렌지주스(과즙 100%) … 3큰술

만드는 법

❶ 요구르트와 오렌지주스를 잘 섞어준다.

★ 오렌지주스는 과즙 100%를 사용하세요.

달걀

양질의 단백질을 많이 함유하고 있는 달걀.
특히 달걀 노른자는 비타민 A와 철, 칼륨도 풍부합니다.
7~8개월이 되면, 달걀은 푹 삶아서 완숙상태의 노른자부터 시작합니다.

7~8개월 무렵이 되면 우선 **달걀 노른자 완숙**부터 먹일 수 있습니다.

감자 샐러드

조리시간 10분

재료

삶은 달걀 노른자 … 1/2개분
감자(부드럽게 삶아서 으깨기) … 1큰술
다시국물 … 1작은술

만드는 법

❶ 감자와 다시국물을 잘 섞어준다.
❷ 노른자를 차 망에 넣고 걸러서 ①에 얹는다.

함께 하면 좋은 레시피 : 양배추 소면(p.118)

7~8개월

★ 달걀 노른자 1/2개분을 프라이팬에서 볶아서, 스크램블로 만든 것을 얹어도 good.

토마토 에그 스크램블

조리시간 10분

재료

토마토(팔팔 끓는 물에 살짝 데쳐 껍질과 씨를 제거한 후
강판에 갈기) … 1작은술
달걀 노른자 … 1개분
샐러드유 … 약간

만드는 법

❶ 토마토와 달걀 노른자를 잘 섞어준다.
❷ 프라이팬에 샐러드유를 둘러 달군 후 ①을 넣고 잘 섞
이도록 저어가면서 볶는다.

7~8개월

**함께 하면 좋은 레시피 : 브로콜리 당근 무침 (p.134), 7배죽
(p.51)**

★ 좀 더 부드럽게 완성하고 싶을 때에는 강판에 간 토마토를 1큰술로 넣습니다.

잔멸치 스크램블

조리시간 10분

재료

마른 잔멸치, 시금치(다지기) … 각 1작은술
달걀 노른자 … 1개분, 샐러드유 … 약간

만드는 법

❶ 마른 잔멸치는 차 망에 넣고 뜨거울 물을 부어 염분을 제거한 후 다진다.
❷ 프라이팬에 샐러드유를 둘러 달군 후, 마른 잔멸치, 시금치, 달걀 노른자를 넣고 볶는다.

함께 하면 좋은 레시피 : 무 우동(p.114)

7~8개월

★ 약한 불에서 볶으면 달걀이 매끄러워져요.

오픈 오믈렛

조리시간 10분

재료

달걀 푼 것 … 1/2개분
토마토(팔팔 끓는 물에 살짝 데쳐서 껍질과 씨를 제거한 후 잘게 썰기) … 1/2작은술
브로콜리(부드럽게 데쳐서 잘게 썰기) … 1/2작은술
샐러드유 … 약간

만드는 법

❶ 프라이팬에 샐러드유를 둘러 달군 후 달걀 푼 것을 붓는다.
❷ ①의 달걀 위에 토마토, 브로콜리를 얹어 달걀을 익힌다.

함께 하면 좋은 레시피 : 단호박 요구르트 무침(p.131), 5배죽(p.51)

9~11개월

★ 달걀은 반숙이 아니라 완전히 익혀주세요. 위에 얹은 채소는 시금치나 청경채도 OK.

달걀소스아스파라거스

조리시간 10분

재료

삶은 달걀 노른자 … 1/2개분
플레인 요구르트 … 1큰술
그린아스파라거스(부드럽게 데쳐서 잘게 썰기) … 2큰술

만드는 법

❶ 삶은 달걀 노른자를 다져서 요구르트와 섞어 소스를
만든다.
❷ 아스파라거스 위에 ①을 얹는다.

함께 하면 좋은 레시피 : 샐러드 우동(p.116)

★ 달걀 소스는 아스파라거스 이외에도 당근이나 시금치를 삶아서 그 위에 얹어도 맛있어요.

차킨시보리 주먹밥

조리시간 15분

재료

달걀 푼 것 … 1/2개분
진밥(p.51) … 60g
참나물 줄기(삶기) … 1개
샐러드유 … 약간

만드는 법

❶ 프라이팬에 샐러드유를 둘러 달군 후 달걀을 넣고 얇게
펴 지단을 만든다.
❷ 지단 위에 진밥을 얹어 싼 후 참나물 줄기로 묶는다.

함께 하면 좋은 레시피 : 고구마 과일 샐러드(p.146), **두부
미역국**(p.203)

★ 진밥에 다진 시금치나 당근을 섞어서, 채소가 들어간 요리를 만들어도 OK.
★ 차킨시보리는 찐 고구마 등을 삼베 행주에 싸서 짠 자국이 나도록, 한입 크기로 둥글게 만든 일본 전통 요리입니다.

키시 조리시간 10분

재료

달걀 푼 것 … 2/3개분
우유 … 2작은술
브로콜리(데쳐서 잘게 썰기) … 1작은술
닭가슴살(삶아서 잘게 찢기) … 2작은술
녹는 치즈 … 2작은술

만드는 법

❶ 달걀과 우유를 잘 섞어준다.
❷ 알루미늄 베이킹 컵에 ①과 브로콜리, 닭가슴살을 넣고, 그 위에 치즈를 얹는다.
❸ 오븐 토스터에 넣고 치즈가 녹을 때까지 굽는다.

함께 하면 좋은 레시피 : 채소수프(p.48), 진밥(p.51)

★ 닭가슴살 대신 사방 1cm로 자른 두부를 넣으면 두부 키시가 됩니다.
★ 키시(quiche)는 달걀, 우유에 고기, 야채, 치즈 등을 섞어 만든 파이의 일종입니다.

돼지고기 오믈렛

조리시간 15분

재료

돼지고기(다지기) … 1큰술, 양파(다지기) … 1작은술
달걀 푼 것 … 2/3개분
샐러드유, 토마토케첩 … 약간씩

만드는 법

❶ 프라이팬에 샐러드유를 둘러 달군 후 다진 돼지고기와 양파를 볶아 접시에 담아낸다.
❷ 프라이팬을 닦아낸 후 샐러드유를 둘러 달군 후 달걀 푼 것을 넣는다.
❸ ②의 위에 ①을 얹어서 싼다. 토마토케첩을 뿌려 완성한다.

함께 하면 좋은 레시피 : 채소수프(p.48), 진밥(p.51)

★ 다진 고기와 양파를 볶는 도중에 달걀 푼 것을 넣고 함께 볶으면 볶음밥이 됩니다.

스고모리 달걀

조리시간 10분

재료

시금치(데쳐서 잘게 썰기) … 2큰술
달걀 노른자 … 1개분
녹는 치즈 … 1작은술

만드는 방법

❶ 알루미늄 베이킹 컵에 시금치를 담고, 달걀 푼 것 노른자와 치즈를 얹는다.
❷ 오븐 토스터에 넣고 달걀 노른자가 익을 때까지 굽는다.

함께 하면 좋은 레시피 : 브로콜리 잔멸치 앙카케(p.135), 진밥(p.51)

★ 시금치 대신 브로콜리나 그린아스파라거스를 삶아서 사용해도 OK.
★ 스고모리는 잘게 자른 야채 속에 계란을 풀어 넣고 가열한 요리로, 새의 둥지를 닮았다는 뜻입니다.

잔멸치 달걀말이

조리시간 10분

재료

마른 잔멸치 … 1큰술
달걀 푼 것 … 2/3개분
샐러드유 … 약간

만드는 법

❶ 마른 잔멸치를 차 망에 담고 뜨거운 물을 부어 염분을 제거한 후 다진다.
❷ 달걀과 마른 잔멸치를 잘 섞어준다.
❸ 프라이팬에 샐러드유를 둘러 달군 후 ②를 붓고, 가장자리부터 동그랗게 말아서 완성한다.

함께 하면 좋은 레시피 : 채소수프(p.48), 진밥(p.51)

★ 삶은 시금치를 잘게 썰어 1작은술 첨가하면, 볼륨이 풍부해집니다.

콩제품

콩은 '밭에서 나는 고기' 라고 불릴 정도로 양질의 단백질을 함유하고 있습니다.
소화흡수가 잘 되는 두부나 낫또로 아기에게 다양한 요리를 만들어주세요.

두부는 **5~6개월** 무렵부터, **낫또**는 **7~8개월** 무렵부터 먹일 수 있습니다.

두부 단호박 버무리

조리시간 10분

재료

두부(삶아서 으깨기) … 1작은술
단호박(부드럽게 삶아서 갈아 으깨기) … 1작은술

만드는 법

❶ 두부와 단호박을 잘 섞어준다.

함께 하면 좋은 레시피 : 시금치 우동(p.113)

★ 단호박이 딱딱한 경우에는 다시국물을 첨가해서 조절하세요.

두부 밀크 찜

조리시간 10분

재료

두부(삶아서 으깨기) … 1큰술
물에 녹인 분유 … 1큰술

만드는 법

❶ 두부와 분유를 잘 섞어 내열 용기에 담아 랩을 씌운 후
전자레인지에 약 20초 가열한다.

함께 하면 좋은 레시피 : 사과 빵 죽(p.110)

★ 분유 대신 껍질과 씨를 제거하고 체에 내린 토마토를 첨가해도 good.

두부 순무 버무리

조리시간 10분

재료

두부, 순무(삶아서 갈아 으깨기) … 각 1작은술
다시국물 … 1작은술

만드는 법

❶ 두부와 순무를 잘 섞고 다시국물로 묽게 만든다.

함께 하면 좋은 레시피 : 토마토 죽(p.107)

★ 다시국물 대신 채소수프를 첨가하면 서양식 요리가 됩니다.

두부 가지 무침

조리시간 10분

재료

두부(삶아서 으깨기) … 1큰술
가지(껍질을 벗기고 부드럽게 데쳐서 다지기) … 1큰술

만드는 법

❶ 두부와 가지를 잘 섞어준다.

함께 하면 좋은 레시피 : 닭가슴살 시금치 무침(p.167), 7배 죽(p.51)

★ 가지는 랩을 씌워 전자레인지에 약 20초 가열한 후, 껍질을 벗기고 다져도 OK.

오크라 낫또 무침

조리시간 10분

재료

낫또 … 1/2큰술
오크라(데쳐서 다지기) … 1작은술

만드는 법

❶ 낫또는 차 망에 담아 뜨거운 물을 부어 끈기를 없앤다.
❷ 낫또와 오크라를 잘 섞어준다.

함께 하면 좋은 레시피 : 양배추 미음(p.137), 7배죽(p.51)

7~8개월

★ 낫또의 알갱이가 큰 것은 다져서 넣습니다.

두부 라비올리

조리시간 15분

재료

만두피 … 1장
두부(삶아서 다지기) … 1작은술
토마토(팔팔 끓는 물에 살짝 데친 후 껍질과 씨를 제거한 후
갈아 으깨기) … 2작은술

만드는 법

❶ 만두피를 반으로 잘라 두부를 싼다.
❷ ①을 삶고, 갈아 으깬 토마토를 끼얹는다.

**함께 하면 좋은 레시피 : 브로콜리 달걀 샐러드(p.134), 샌
드위치용 식빵 1장**

9~11개월

★ 두부 대신 코티지치즈를 사용하면 치즈 라비올리가 됩니다.

두부 스테이크

조리시간 10분

재료

두부 … 45g
다시국물 … 2큰술
쪽파(송송썰기) … 1/2작은술
샐러드유 … 약간
물에 녹인 전분 … 1작은술

만드는 법

❶ 두부는 사방 3cm, 두께 7mm로 썬다.
❷ 프라이팬에 샐러드유를 둘러 달군 후 두부 양면을 굽는다.
❸ 작은 냄비에 다시국물과 파를 넣고 한소끔 끓인다. 물에 녹인 전분을 넣고 걸쭉해질 때까지 끓인다.
❹ ②를 그릇에 담고, ③을 끼얹는다.

함께 하면 좋은 레시피 : 토마토 오이 샐러드(p.129), 5배 죽(p.51)

달걀 고명 얹은 낫또

조리시간 15분

재료

낫또 … 2작은술
달걀 푼 것 … 1/4개분
샐러드유 … 약간

만드는 법

❶ 낫또는 차 망에 담아 뜨거운 물을 부어 끈기를 없앤다.
❷ 프라이팬에 샐러드유를 둘러 달군 후, 달걀 푼 것을 붓고 얇게 펴 굽는다.
❸ ②를 잘게 썰어 ①의 위에 얹는다.

함께 하면 좋은 레시피 : 시금치 감자 무침(p.126), 5배죽(p.51)

★ 낫또의 알갱이가 큰 것은 다져서 넣습니다.

두부미역국

조리시간 10분

재료

두부(사방 7mm로 썰기) … 1큰술
건조미역(잘게 부수어 물에 불린 후 삶기) … 1/2작은술
다시국물 … 2큰술

만드는 법

❶ 작은 냄비에 두부, 미역, 다시국물을 담아 한소끔 끓인다.

함께 하면 좋은 레시피 : 연어 볶음밥(p.183)

★ 건조미역은 물에 불리기만 하면 염분이 남아 있을 수 있으므로 삶습니다. 미리 잘게 부순 후 물에 불리면 쉽습니다.

전골냄비풍

조리시간 10분

재료

두부(삶아서 사방 1cm로 썰기) … 1큰술
양파(얇게 썰기) … 1큰술
샤브샤브용 돼지고기(잘게 썰기) … 1큰술
다시국물 … 1큰술
쪽파(삶아서 길이 1cm로 자르기) … 적당량
간장 … 약간

만드는 법

❶ 작은 냄비에 두부, 양파, 돼지고기, 다시국물을 넣고 돼지고기가 다 익을 때까지 익힌다.
❷ 간장으로 간을 해서 식기에 담고, 쪽파를 얹는다.

함께 하면 좋은 레시피 : 채소수프(p.48), **진밥**(p.51)

아이디어 이유식

매일 매일 이유식을 제대로 만드는 일은 정말 큰 일입니다. 때로는 어른 요리를 만들면서 아기용을 덜어서 만들기도 하고, 베이비푸드를 활용해서 손쉽게 요리할 수 있는 방법도 참고하세요.

덜어 만드는 이유식

베이비푸드를 사용한 이유식 레시피

덜어 만드는 이유식

사실 매일 매일 매끼 이유식을 만드는 일은 큰일입니다.
어른 요리에서 덜어내어
간단하게 이유식을 만드는 방법을 추천합니다.

닭고기와 마카로니 그라탱

닭고기와 마카로니 그라탱

조리시간 30분

재료 (2인분)

닭 넓적다리살 … 75g
마카로니 … 50g
양송이 … 4개
양파 … 1/4개
버터 … 1큰술
밀가루 … 1큰술
물 … 1/2컵
우유 … 1컵
콘소메수프의 소(시판품) … 1/2개
소금, 후추 … 약간씩
빵가루, 분말 치즈 … 약간씩

만드는 법

❶ 마카로니는 삶고, 양송이는 잘게 썰고, 양파는 얇게 썬다. 닭고기는 한 입 크기로 썰어 소금, 후추를 약간 뿌린다.

❷ 냄비에 버터를 둘러 달군 후, 닭고기, 양송이, 양파를 볶는다. 양파가 나긋나긋해지면 밀가루를 첨가해서 가볍게 볶는다.

❸ 분량의 물과 우유를 첨가해서 바짝 졸이고, 콘소메 소, 소금, 후추로 간을 맞춘다.

❹ ③을 반으로 나누고, ①의 마카로니를 골고루 잘 묻힌다.

❺ 내열 용기에 버터를 약간(분량 외) 바르고, ③의 나머지와 ④를 넣고 빵가루와 분말 치즈를 얹어 노릇노릇해질 때까지 오븐 토스터에 약 5분간 굽는다.

덜어 만들기 요령 1

굵기와 크기는 아기의 발달에 맞춘다

어른과 같은 굵기와 크기는 아기에게 너무 딱딱하고 클 수도 있습니다. 발달에 맞춰 먹이세요.

덜어 만들기 요령 2

화이트소스는 물로 희석해서 사용한다

아기에게 화이트소스는 아직 너무 진합니다. 물로 희석해서 사용하세요. 또 콘소메, 소금, 후추로 맛을 내기 전에 덜어서 사용하세요.

양파 미음

조리시간 10분

덜어 만들기 재료

양파(어른용 만드는 법 ①에서 골라내서 다지기) … 1작은술

플러스 재료

다시국물 … 1큰술

만드는 법

❶ 내열 용기에 양파와 다시국물을 담아 랩을 씌워 전자레인지에 약 20초 가열한 후 갈아 으깬다.

수프 마카로니

조리시간 10분

덜어 만들기 재료

양파(어른용 만드는 법 ②에서 골라내어 다지기) … 1작은술
마카로니(어른용 만드는 법 ①에서 골라내어 다지기)
… 2작은술
화이트소스(어른용 만드는 법 ③에서 간을 하기 전에 골라
낸다) … 1큰술

플러스 재료

물에 녹인 분유 … 1큰술

만드는 법

❶ 내열 용기에 재료를 전부 넣고 랩을 씌워 전자레인지에
약 20초 가열한다.

마카로니 밀크 찜

조리시간 10분

덜어 만들기 재료

마카로니(어른용 만드는 법 ①에서 골라내어 길이 7mm로 썰기) … 1큰술
닭 넓적다리살, 양파(어른용 만드는 법 ②에서 골라내어 다지기) … 각 1큰술

플러스 재료

우유 … 1큰술

만드는 법

❶ 내열 용기에 모든 재료를 넣어 섞고 랩을 씌워 전자레인지에 약 20초 가열한다.

미니 그라탱

조리시간 20분

덜어 만들기 재료

마카로니(어른용 만드는 법 ①에서 골라내어 길이 1~2cm로 썰기) … 2큰술
닭 넓적다리살, 양파, 양송이(어른용 만드는 법 ②에서 골라내어 잘게 썰기) … 각 1큰술
화이트소스(어른용 만드는 법 ③에서 간을 하기 전에 골라낸다) … 2큰술
빵가루, 분말치즈 … 약간씩

만드는 법

❶ 마카로니, 양파, 닭고기, 양송이, 화이트소스를 잘 섞어 내열 용기에 담아 빵가루와 치즈를 얹어 노릇해질 때까지 오븐 토스터에 굽는다.

채소 듬뿍 돼지고기 된장국

채소 듬뿍 돼지고기 된장국

조리시간 30분

재료 (2인분)

돼지 넓적다리살 … 100g
당근 … 1/2개
무 … 1/8개
토란 … 2개
우엉 … 1/4개
곤약 … 1/4장
물 … 3컵
된장 … 2큰술
쪽파 … 약간

만드는 법

❶ 돼지고기는 먹기 편한 크기로 썬다. 당근과 무는 두께 5mm의 부채꼴썰기, 토란은 두께 7mm의 둥글썰기로, 우엉은 잘게 어슷썰기 한다.

❷ 곤약은 숟가락으로 먹기 편한 크기로 자르고 떫은맛을 제거하기 위해 팔팔 끓는 물에 데친다.

❸ 냄비에 분량의 물, ①과 ②의 재료를 모두 넣고 채소가 부드러워질 때까지 약 15분 끓인다.

❹ ③에 된장을 풀어 식기에 담고 송송 썬 쪽파를 얹는다.

덜어 만들기 요령 1

된장을 넣기 전에 채소를 골라낸다

채소가 듬뿍 들어간 된장국은 덜어 만드는 요리에 적합합니다. 된장에는 염분이 함유되어 있으므로, 된장을 풀기 전에 재료를 골라냅니다.

덜어 만들기 요령 2

된장국의 국물은 2배 정도로 엷게

1세 정도가 되면 어른용 된장국 국물을 2배 정도로 엷게 해서 먹입니다.

당근 무 미음

조리시간 10분

덜어 만들기 재료

당근, 무(어른용 만드는 방법 ③에서 골라내어 갈아 으깨기) … 각 2조각

플러스 재료

다시국물 … 1작은술

만드는 법

❶ 당근과 무를 섞고 다시국물을 넣어 묽게 만든다.

5~6개월

채소3종 차킨시보리

조리시간 10분

덜어 만들기 재료

토란(어른용 만드는 법 ③에서 골라내어 으깨기) … 2조각
당근, 무(어른용 만드는 법 ③에서 골라내어 으깨기) … 각 1조각

만드는 법

❶ 토란, 당근, 무를 잘 섞어준다.
❷ ①을 랩으로 싸서 윗부분을 꽉 비틀어 차킨시보리를 만든다.

7~8개월

★ 차킨시보리는 찐 고구마 등을 삼베 행주에 싸서 짠 자국이 나도록, 한 입 크기로 둥글게 만든 일본 전통요리입니다.

영양전

조리시간 10분

덜어 만들기 재료

돼지 넓적다리살, 당근, 무, 우엉(어른용 만드는 법 ③에서 골라내어 다지기) … 각 1조각
다시국물(어른용 만드는 법 ③에서 골라낸다) … 약간

플러스 재료

핫케이크 믹스(시판품) … 1큰술
샐러드유 … 약간

만드는 법

❶ 핫케이크 믹스에 다시국물을 넣고 잘 섞은 후, 당근, 무, 우엉, 돼지고기를 넣는다.
❷ 프라이팬에 샐러드유를 둘러 달군 후 ①을 넣고 양면을 굽는다.

미니 된장국

조리시간 5분

덜어 만들기 재료

당근, 무, 토란, 우엉(어른용 된장국에서 골라내어 작게 썰기) … 각 2조각
돼지 넓적다리살, 곤약(어른용 된장국에서 골라내어 작게 썰기) … 각 1조각
돼지고기 된장국 국물 … 2큰술

플러스 재료

뜨거운 물 … 1큰술

만드는 법

❶ 모든 재료를 식기에 담는다.
❷ 어른용 돼지고기 된장국 국물을 떠서 뜨거운 물로 희석한 후 ①에 붓는다.

아스파라거스 닭고기 화이트 스튜

아스파라거스 닭고기 화이트 스튜

조리시간 40분

재료 (2인분)

닭 넓적다리살 … 200g
당근 … 1/4개
감자 … 1개
양파 … 1/2개
그린아스파라거스 … 2개
밀가루 … 1큰술
버터 … 1/2큰술
물, 우유 … 각 1컵
샐러드유 … 약간
소금, 후추 … 약간씩

만드는 법

❶ 닭고기와 당근, 감자는 한 입 크기로 자른다. 당근은 부채꼴썰기, 양파는 얇게썰기를 한다. 아스파라거스는 팔팔 끓는 물에 데쳐 어슷하게 썬다.

❷ 냄비에 샐러드유와 버터를 넣어 달군 후 돼지고기와 양파를 볶는다. 돼지고기 색이 변하면 밀가루를 넣고, 당근, 감자도 넣어서 볶는다.

❸ ②에 분량의 물과 아스파라거스를 넣고 채소가 부드러워질 때까지 푹 삶는다. 마지막으로 우유를 넣고 데워지면, 소금과 후추를 뿌려 간을 맞춘다.

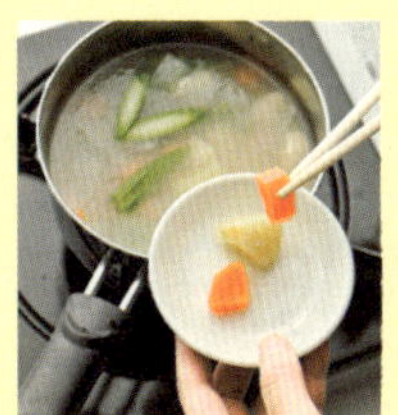

덜어 만들기 요령 1

소스를 넣기 전에 채소를 골라낸다

푹 익히는 요리는 채소를 많이 넣기 때문에 덜어 만들기에 적합합니다. 채소가 부드러워지면 골라냅니다.

덜어 만들기 요령 2

스튜를 물로 엷게

어른용을 그대로 먹이면 염분이 강하기 때문에, 물이나 물에 녹인 분유로 희석합니다.

5~6개월

묽은 채소수프

조리시간 10분

덜어 만들기 재료

당근, 감자(어른용 만드는 법 ①에서 골라내어 삶아서 갈아
으깨기) … 각 1조각
양파(어른용 만드는 법 ①에서 골라내어 삶아서 갈아 으깨
기) … 1작은술

플러스 재료

채소수프 … 1작은술

만드는 법

❶ 당근, 감자, 양파를 잘 섞어준다.
❷ ①에 채소수프를 넣어 묽게 만든다.

채소밀크죽

조리시간 15분

덜어 만들기 재료

당근, 감자(어른용 만드는 법 ③에서 골라내어 다지기) …
각 2조각
양파, 그린아스파라거스(어른용 만드는 법 ③에서 골라내
어 다지기) … 각 2작은술

플러스 재료

물에 녹인 분유 … 1큰술

만드는 법

❶ 내열 용기에 모든 재료를 담아 랩을 씌워 전자레인지에
약 20초 가열한다.

7~8개월

감자 경단

조리시간 10분

덜어 만들기 재료

감자(어른용 만드는 법 ③에서 골라내어 으깨기) … 3조각
닭고기, 양파(어른용 만드는 법 ③에서 골라내어 다지기)
… 각 1작은술

만드는 법

❶ 모든 재료를 잘 섞어서 2등분해서 랩으로 싸서 타원형
으로 만든다.

화이트 도리아

조리시간 15분

덜어 만들기 재료

닭 넓적다리살, 감자, 당근, 그린 아스파라거스(어른용 만
드는 법 ③에서 골라내어 작게 썰기) … 각 1조각
양파(어른용 만드는 법 ③에서 골라내어 작게 썰기) … 1작은술
화이트스튜 … 3큰술

플러스 재료

진밥 … 90g
녹는 치즈 … 1작은술

만드는 법

❶ 내열 용기에 진밥을 담고, 감자, 당근, 아스파라거스, 닭
고기, 양파를 얹고, 어른용 화이트 스튜를 끼얹는다.
❷ ①에 치즈를 얹어 오븐 토스터에 넣고 약 3분 굽는다.

미트소스

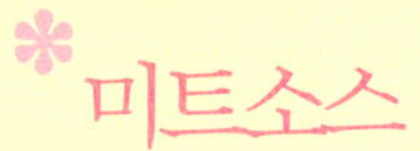

미트소스

조리시간 30분

쇠고기와 돼지고기를 반씩 섞어 다진 고기 … 150g
당근, 양파 … 각 1/2개
토마토(으깨기) … 1컵
스파게티 … 150g
버터 … 10g
물 … 1/2컵
콘소메수프의 소(시판품) … 1개
소금, 후추, 분말 치즈 … 약간씩
파슬리(다지기) … 약간

만드는 법

❶ 당근과 양파는 적당한 크기로 잘라, 믹서기에 넣어 잘게 간다.

❷ 프라이팬에 버터를 둘러 달군 후 ①의 당근과 양파를 넣고 볶는다.

❸ 양파가 투명해지면 다진 고기를 넣어 볶고, 으깬 토마토와 분량의 물을 첨가해 한소끔 끓인다.

❹ ③에 콘소메수프의 소를 넣고 푹 끓인다. 맛이 엷은 것 같으면 소금, 후추를 뿌린다.

❺ 스파게티를 삶아 접시에 담아낸다.

❻ ⑤에 ④의 미트소스를 끼얹고, 분말 치즈와 파슬리를 얹는다.

덜어 만들기 요령 1

당근과 양파는 믹서기로

아기용으로 덜어서 먹이려면 다져서 합니다. 믹서기를 사용하면 편리합니다

덜어 만들기 요령 2

다진 고기를 넣지 않고 채소만 볶는다

일반적으로 가장 먼저 다진 고기를 볶지만, 아기가 어릴 때에는 채소부터 볶으면 덜어내기 편합니다.

채소 토마토 찜

조리시간 10분

덜어 만들기 재료

당근, 양파(어른용 만드는 법 ①에서 골라낸다) … 합해서 2
작은술
토마토(으깨기) … 1작은술
물 … 1큰술

만드는 법

❶ 작은 냄비에 당근, 양파, 토마토, 분량의 물을 담아서 끓
인다. 눌을 것 같으면 물을 약간(분량 외) 더 넣고 부드러워
질 때까지 푹 삶는다.
❷ ①을 갈아 으깬다.

스파게티 토마토 찜

조리시간 10분

덜어 만들기 재료

당근, 양파(어른용 만드는 법 ①에서 골라낸다) … 합해서 2
작은술
토마토(으깨기) … 1작은술
스파게티 … 10g
물 … 1큰술

만드는 법

❶ 스파게티는 삶아서 다진다.
❷ 작은 냄비에 스파게티, 당근, 양파, 토마토, 분량의 물을
넣고 삶는다. 눌을 것 같으면 물을 약간(분량 외) 더 넣고 부
드러워질 때까지 푹 삶는다.

나폴리탄풍

조리시간 15분

덜어 만들기 재료

쇠고기와 돼지고기를 반씩 섞어 다진 고기 … 1큰술
스파게티 … 15g
당근, 양파(어른용 만드는 법 ①에서 골라낸다) … 합해서 2
작은술
토마토(으깨기) … 1큰술
버터 … 1작은술
물 … 1큰술

만드는 법

① 스파게티는 삶아서 잘게 썬다.
② 프라이팬에 버터를 둘러 달군 후, 다진 고기, 당근, 양파
를 넣고 볶는다.
③ 양파가 투명해지면 토마토와 물을 넣어 한소끔 끓인다.
④ ③에 ①의 스파게티를 넣고 잘 섞어준다.

미니 미트소스

조리시간 15분

덜어 만들기 재료

어른용 미트소스(어른용 만드는 법 ③에서 골라낸다) … 2
큰술
토마토(으깨기) … 1큰술
스파게티 … 20g

만드는 법

① 스파게티는 삶아서 길이 1~2cm로 썬다.
② 어른용 미트소스에 토마토를 넣고 맛을 엷게 만든다.
③ ①에 ②의 미트소스를 끼얹는다.

생대구탕

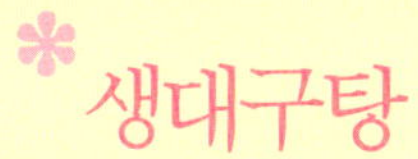

생대구탕

조리시간 20분

재료 (2인분)

생대구 … 2조각
파 … 1개
배추 … 1/6포기
쑥갓 … 1/2묶음
당면 … 8g
두부 … 1/2모
다시마 … 5cm
폰즈간장 …적당량

만드는 법

❶ 질냄비에 분량의 물과 다시마를 넣고 약 20분간 둔다.

❷ 파는 어슷 썰고, 배추는 폭 5cm, 쑥갓은 길이 5cm, 두부는 먹기 편한 크기로 썬다. 당면은 뜨거운 물에 담가서 불린 후 길이 10cm로 썬다.

❸ ①의 냄비에 불을 붙이고 팔팔 끓기 직전에 다시마를 건져낸 후, 파, 배추, 생대구, 두부를 넣고 뚜껑을 덮는다.

❹ ③이 다 익으면 당면과 쑥갓을 넣는다. 폰즈간장 등 기호에 맞는 소스에 찍어서 먹는다.

★ 폰즈간장이 없으면, 간장 3 : 물 1 : 설탕 0.5 : 레몬즙 0.3의 비율로 만들어 사용해도 OK!

덜어 만들기 요령 1

바로 덜어서 나눌 수 있어서 편리

다른 요리와 달리 냄비요리는 완성품에서 직접 덜어낼 수 있기 때문에 따로 손이 가지 않습니다. 어른과 함께 먹을 수 있습니다.

덜어 만들기 요령 2

냄비에서 덜어냈다면 먹기 편한 사이즈로 커팅

아이가 먹을 양 만큼만 먼저 덜어내어 먹기 편한 사이즈로 자릅니다.

배추 두부 미음

조리시간 10분

덜어 만들기 재료

배추, 두부(어른 대구탕에서 덜어내어 갈아 으깨기) ⋯ 각 1 작은술

만드는 법

❶ 두부와 배추를 잘 섞어준다. 딱딱한 경우에는 다시국물을 1작은술 넣는다.

대구 배추 찜

조리시간 10분

덜어 만들기 재료

대구(어른 대구탕에서 덜어내어 다지기) ⋯ 1작은술
배추(어른 대구탕에서 덜어내어 다지기) ⋯ 2작은술
다시국물 ⋯ 2작은술

만드는 법

❶ 대구와 배추를 잘 섞어준다.
❷ ①에 어른 요리에서 덜어낸 다시국물을 넣어 묽게 만든다.

담백한 대구탕

조리시간 10분

덜어 만들기 재료

대구, 배추(어른 대구탕에서 덜어내어 먹기 편한 크기로
자르기) … 각 1큰술
두부(어른 대구탕에서 덜어내어 사방 7mm로 자르기) …
1큰술
다시국물 … 2큰술

만드는 법

❶ 식기에 대구, 배추, 두부를 담는다.
❷ 어른 요리에서 다시국물을 덜어내어 ①에 끼얹는다.

대구 냄비 덮밥

조리시간 10분

덜어 만들기 재료

대구, 배추(어른 대구탕에서 덜어내어 먹기 편한 크기로
자르기) … 각 1큰술
두부(어른 대구탕에서 덜어내어 사방 7mm로 자르기) …
1큰술
다시국물 … 3큰술

플러스 재료

물에 녹인 전분 … 2작은술
진밥 … 70g

만드는 법

❶ 내열 용기에 대구, 배추, 두부, 다시국물을 담고, 물에 녹
인 전분을 넣어 잘 섞어준다. 랩을 씌워 전자레인지에 약
20초 가열해서 따뜻한 진밥에 끼얹는다.

베이비푸드를 사용한 이유식 레시피

베이비푸드는 월령이나 사용법,
영양소 등을 고려해서 만든 가공식품입니다.
잘 활용해서 이유식 만들기를 즐겨보세요.

병 타입

뚜껑을 열고 그대로 먹을 수 있습니다. 주식, 반찬, 디저트 등 종류도 다양한 것이 특징입니다.

♡ 장점과 활용법

재료 자체로 된 제품과 조리되어 있는 제품, 양쪽 다 종류가 많고 그대로 먹을 수 있어서 이유식에 추가하고 싶을 때 편리합니다.

♡ 보관방법

먼저 사용할 양만큼만 청결한 스푼으로 덜어냅니다. 남은 것은 뚜껑을 닫아서 냉장고에 넣어두고, 그 날 안에 다 소비합니다.

레토르트 타입

재료 자체로 된 제품보다 조리되어 있는 제품이 많습니다. 포장용기는 부피가 크지 않아서 휴대하거나 보관하기에 편리합니다.

♡ 장점과 활용법

반찬으로 활용되는 제품, 주식이 들어가 있는 제품 등 종류가 많습니다. 그대로도 먹을 수 있지만, 뜨거운 물에 데우는 것만으로 맛이 한층 좋아집니다.

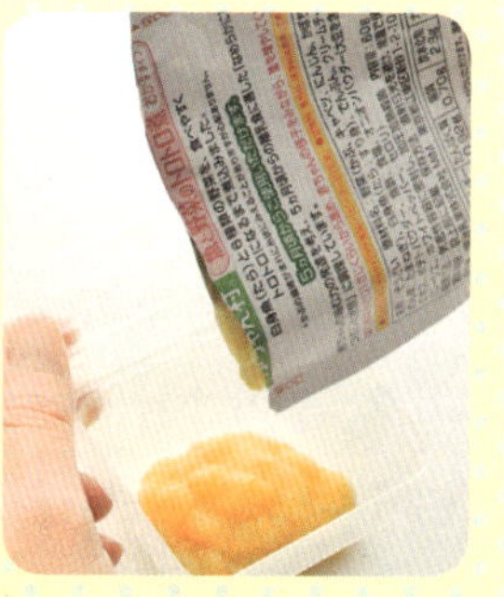

♡ 보관방법

한 번에 다 소비하는 것이 원칙입니다. 남길 것 같으면, 데우기 전에 사용할 양만큼만 접시에 담고 나머지는 밀폐용기에 옮겨 담아 냉장고에 넣어 그 날 안에 다 소비합니다.

베이비푸드의 능숙한 사용법

♥ 여러 종류를 상비해둔다

엄마의 몸 상태가 좋지 않거나, 외출해서 먹이고 싶을 때에 베이비푸드를 상비하고 있으면 매우 도움이 됩니다. 갈아 으깨고 체에 거르는 등의 수고를 덜 수 있어서, 급하게 이유식 준비를 할 때 필수품입니다.

♥ 재료의 하나로 활용한다

메뉴 중의 하나로 추가하고 싶을 때는 물론 균형 잡힌 영양 밸런스를 맞추고 싶을 때에 베이비푸드는 편리합니다. 수제 이유식과 혼합하거나, 분유나 수프, 소스를 활용하면 활용범위가 넓어집니다.

♥ 아기의 성장에 맞추어

아기에게 먹이기 전에 먼저 엄마가 한 입 먹어보세요. 간은 어느 정도인가, 아기의 성장에 맞는 굳기인가를 확인해주세요. 베이비푸드는 아기에 관해 잘 연구해서 만들어졌기 때문에 간, 굳기, 입자 크기 등의 참고가 됩니다.

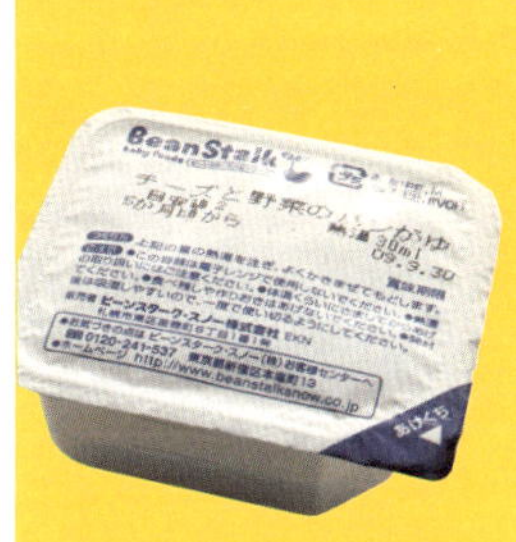

냉동건조 타입

이유식을 특수한 제조법으로 건조
시킨 제품. 뜨거운 물을 붓는 것만
으로 식품의 맛과 향기, 색채가 되
살아납니다.

♡ **장점과 활용법**

가볍다는 것과 뜨거운 물을 붓는
것만으로 완성되는 간편함이 장점
입니다. 체에 내리기 번거로운 채
소도 뜨거운 물을 붓기만 하면 끝!
활용 범위가 풍부해서 이유식 만들
기가 즐거워집니다.

♡ **보관방법**

포장을 뜯고 사용할 만큼 쪼개어
뜨거운 물을 붓습니다. 나머지는
랩 등으로 싸서 상온 보관으로 2일
이내에 다 소비합니다.

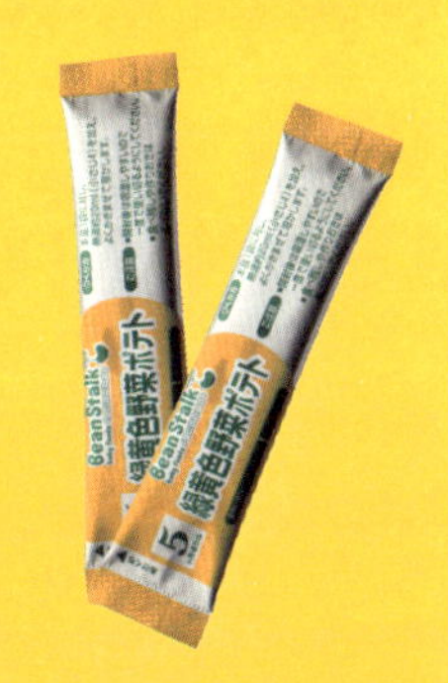

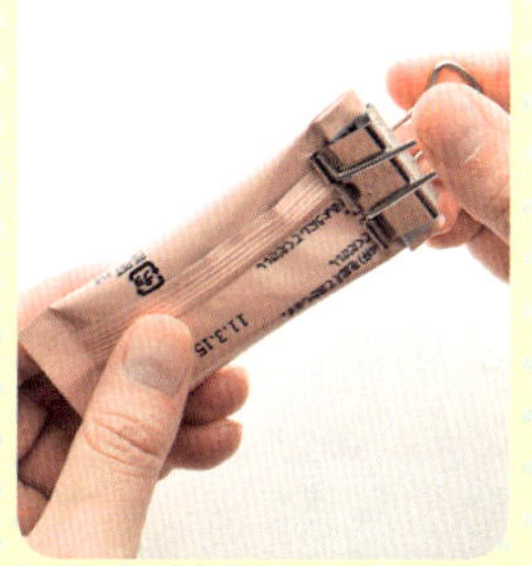

분말 타입

매끄러운 상태로 조리해서, 수분을
날리고 분말상태로 만든 제품입니
다. 과즙이나 국물, 수프, 소스의 소
등 다양한 소재의 제품이 구비되어
있습니다.

♡ **장점과 활용법**

뜨거운 물을 붓고 섞기만 하면 끝.
이 간편함도 매력적이지만 수제 이
유식과 혼합해서 다양한 맛의 범위
를 넓힐 수 있다는 것도 큰 장점입
니다.

♡ **보관방법**

사용 후 남았다면 습기가 들어가지
않도록 봉지 입구를 클립 등으로
확실히 밀봉해서 냉장고에 넣고,
1~2일 안에 다 소비합니다.

베이비푸드로 만든 이유식 레시피

1. 화이트소스 얹은 채소

조리시간 10분

재료

당근(삶아서 다지기) … 2작은술
브로콜리(삶아서 다지기) … 1큰술
화이트소스(베이비푸드) … 1큰술

만드는 법

❶ 당근과 브로콜리를 잘 섞는다.
❷ 화이트소스는 제품 포장지 표기대로 뜨거운 물에 녹여 ①에 끼얹는다.

2. 닭고기 간 들어간 물만두

조리시간 15분

재료

닭고기 간과 채소(베이비푸드) … 2작은술, 배추(삶아서 먹기 편한 크기로 썰기) … 1작은술, 만두피 … 2장, 채소수프 … 2큰술

만드는 법

❶ 닭고기 간과 채소는 제품 포장지 표기대로 뜨거운 물에 녹인다.
❷ 만두피는 반으로 잘라 ①을 싸서 삶는다.
❸ 작은 냄비에 채소수프와 배추를 넣고 한소끔 끓인다.
❹ 삶은 만두를 ③에 넣는다.

3. 닭고기 간 들어간 햄버거

조리시간 15분

재료

닭고기 간과 채소(베이비푸드) … 1큰술, 쇠고기와 돼지고기를 반씩 섞어 다진 고기 … 1큰술, 양파(다지기) … 1작은술, 빵가루 … 1작은술, 샐러드유 … 약간

만드는 법

❶ 닭고기 간과 채소는 제품 포장지 표기대로 뜨거운 물에 녹인다.
❷ 다진 고기, 양파, ①, 빵가루를 섞어 2등분으로 나눠 동그랗게 빚는다.
❸ 프라이팬에 샐러드유를 둘러 달군 후 ②의 양면을 굽는다.

5~6개월	5~6개월	7~8개월

1. 당근 토마토 미음

조리시간 5분

재료

10배죽 … 1큰술
당근과 토마토(베이비푸드) … 1작은술

만드는 법

❶ 제품 포장지 표기대로 당근과 토마토를 뜨거운 물에 녹인다.
❷ 내열 용기에 10배죽과 ①을 넣고 섞어 랩을 씌워 전자레인지에 약 20초 가열한다.

2. 시금치 순무 빵 죽

조리시간 10분

재료

샌드위치용 식빵 … 1/8장
시금치와 순무(베이비푸드) … 2작은술
다시국물 … 1큰술

만드는 법

❶ 식빵은 잘게 찢어 내열 용기에 담는다.
❷ ①에 다시국물을 넣고 랩을 씌워 전자레인지에 약 20초 가열한다.
❸ 제품 포장지 표기대로 시금치와 순무를 뜨거운 물로 녹인다.
❹ ②와 ③을 잘 섞는다.

3. 흰살생선 채소 미음 우동

조리시간 10분

재료

우동(건면) … 10g
생선과 채소(베이비푸드) … 1큰술
다시국물 … 3큰술

만드는 법

❶ 우동은 삶아서 다진다.
❷ 생선과 채소는 제품 포장지 표기대로 뜨거운 물에 녹인다.
❸ 내열 용기에 ①, ②, 다시국물을 넣고 랩을 씌워서 전자레인지에 약 30초 가열한다.

1. 녹황색 채소 얹은 흰살생선

조리시간 10분

재료

흰살생선(삶아서 살을 발라내기)
… 1큰술
시금치와 순무(베이비푸드) … 1큰술

만드는 법

❶ 시금치와 순무는 제품 포장지 표기대로 뜨거운 물에 녹인다.
❷ 흰살생선에 ①을 끼얹는다.

2. 차우더 얹은 도리아

조리시간 5분

재료

차우더(베이비푸드) … 3큰술
진밥 … 80g

만드는 법

❶ 차우더는 제품 포장지 표기대로 데운다.
❷ 내열 용기에 따뜻한 진밥을 담고 차우더를 얹어 오븐 토스터에 굽는다.

3. 포테이토크림 토스트

조리시간 10분

재료

식빵 … 1/2장
포테이토크림(베이비푸드) … 1작은술
분말 치즈 … 1작은술

만드는 법

❶ 포테이토크림은 제품 포장지 표기대로 데운다.
❷ 식빵에 ①을 바르고 분말 치즈를 뿌려 오븐 토스터에 노릇해질 때까지 굽는다.

※ 베이비푸드의 이름은 특정 상품명이 아닙니다. 레시피를 참고해서 비슷한 종류의 재료와 형태의 제품을 사용하시면 됩니다.

18개월이 지나면 유아식으로~

이유식에서 어른의 식사로 옮겨가는 식사가 유아식입니다.
18개월이 지나면 유아식을 시작합니다.

이유식이 끝나면 곧바로 어른과 같은 식사를 할 수 있게 되는가 하면 그렇지 않습니다. 이유식에서 어른의 식사로 이행해가는 기간의 식사를 유아식이라고 부릅니다. 음식물을 먹는 것에 익숙해져서 성장에 필요한 에너지와 영양소를 3번의 식사에서 얻을 수 있게 된다고는 하지만 음미하는 기능은 아직 발달단계입니다.

가령 어른은 생채소를 씹는 맛과 아삭아삭한 식감을 즐기면서 먹지만, 어금니가 완전히 자라나지 않은 유아에게는 맛이 없어서 먹기 어렵습니다. 첫 어금니가 나더라도, 아직 씹는 면이 작기 때문에 씹어서 부순다 하더라도 갈아 으깨기는 쉽지 않습니다. 이것이 '통째로 삼키기'와 '빨리 먹기'라는 나쁜 버릇으로 이어져 비만의 원인이 되기도 하므로, 아이의 음미 기능에 맞춘 형태와 굳기로 조리해야 합니다. 또 식사의 매너와 즐거움을 알아가면서 조금씩 어른의 식사로 다가갈 필요가 있습니다.

적절한 식습관을 즐기면서 몸으로 익히게 해주세요

유아기에는 먹는 데에 익숙하지 않은 식품을 무턱대고 싫어하는 경향이 나타나기도 합니다. 이것을 방지하기 위해서는 주위의 어른들이 다양한 식품을 "참 맛있네" 하며 먹는 모습을 보여주어, 아이에게 '먹어볼까? 식사는 즐거운 일'라고 생각하게끔 분위기를 만들어주는 것이 효과적입니다.

부모는 아이의 본보기입니다. 부모가 스스로 식사에 흥미를 갖고 식사 때마다 제대로 먹는 것도 중요합니다. 또 식사 중 팔꿈치 괴지 않기, 젓가락 바르게 쥐기 등 매너에 대해서도 주의를 기울여 식사의 기초를 몸에 익혀갑니다.

유아식의 포인트

1. 간은 어른 식사의 1/2 정도의 엷은 맛으로

진하게 맛을 낸 데에 익숙해지면 좀처럼 엷은 맛으로 바꾸기 어렵습니다. 재료 그 자체의 맛을 기억한다는 의미에서도 유아식의 간은 엷은 맛에 주의를 기울입니다. 성인의 1/2 정도의 농도가 기준이 됩니다.

2. 이가 모두 갖춰지는 3세 무렵까지

개인차가 있지만 3세 무렵까지는 유치가 모두 갖춰지게 됩니다. 단 음미하는 힘은 갑자기 갖춰지는 게 아닙니다. 한 걸음 한 걸음 즐기면서 어른의 식사에 근접해가는 게 중요합니다.

3. 새로운 음식물에 익숙해지게 해야

인간은 처음 먹는 것에 대해서 경계하는 습관이 있습니다. 가족이 식탁에 둘러앉아 즐거운 분위기 속에서 다양한 음식에 익숙해지도록 만들어주는 것이 중요합니다. 이것이 아이가 새로운 음식을 덮어놓고 싫어하게 되는 습성에서 오는 편식을 불식시켜 줍니다.

유아식 진행방식 1 : 치아가 나는 방식에 맞춘다

어금니나 잇몸의 상태로, 음식물의 굳기를 조정합니다

유아식을 잘 진행시키는 포인트는 '치아가 나는 방식'에 맞추는 것입니다. 이유식이 완료되고 유아식이 시작되는 18개월 무렵에는 최초의 어금니(제1대구치)가 상하로 서로 씹게 됩니다. 하지만 최초의 어금니는 씹는 면이 작기 때문에 씹어서 부수기는 가능해도 갈아서 으깨기는 제대로 할 수 없습니다. 예를 들어 어묵이나 곤약과 같이 탄력 있는 재료는 앞니로 씹어서 자르고 난 후 어금니로 갈아서 으깨는 작업이 필요합니다. 이것이 불가능하기 때문에 통째로 꿀꺽 삼켜버리는 것입니다. 먹을 수 있을 것처럼 보여도 아이에게는 먹기 힘든 식품이 있으므로 주의해야 합니다.

또 어금니가 나려고 할 때에는 잇몸이 두꺼워져서, 고기 경단 정도의 딱딱함이라면 씹어서 부술 수 있게 됩니다. 치아를 볼 때에는 어금니가 나고 있는가의 여부만이 아니라 잇몸의 부푼 정도도 확인해서 그 시기에 맞는 음식을 적절하게 조리하는 것이 중요합니다.

유치가 나는 방식

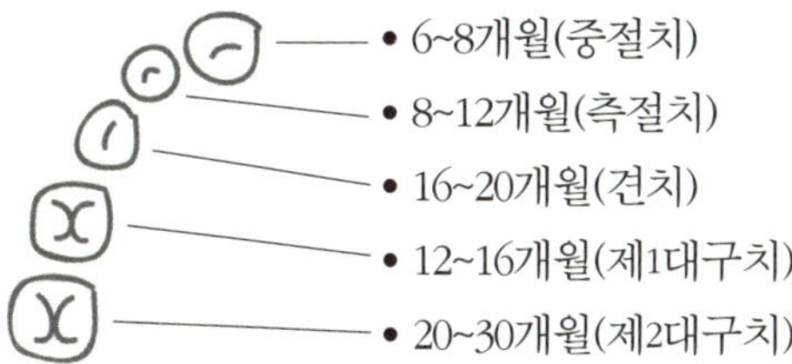

18개월 무렵

제1대구치(어금니)가 상하로 갖추어집니다. 잇
몸으로 씹어서 부술 수 있는 굳기의 음식은 먹
을 수 있습니다.

30~42개월

30개월 무렵부터 제2대구치가 나기 시작해서
42개월 무렵에는 유치열이 완성됩니다. 어금니
로 씹을 수 있는 굳기의 음식을 드디어 먹을 수
있습니다.

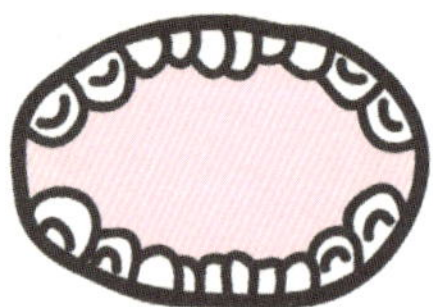

치아가 나는 시기와 먹이는 기준

시기	기준
1세 무렵	• 상하의 앞니가 4개씩 난다. 앞니로 음식물을 씹을 수 있고, 한 입 분량 만큼만 씹어서 먹는 등 양의 조절이 점차 가능해진다. • 어금니는 아직 나지 않는다. 잇몸의 부푼 부분이 나오는 정도. 어금니로 씹거나 으깰 필요가 있는 재료는 아직 잘 처리하지 못한다.
18개월 무렵	• 제1대구치가 상하로 나오고, 씹을 수 있게 된다. 단 아직 씹는 면이 작기 때문에 잘게 부수어도 갈아서 으깨지는 못한다.
3세 무렵	• 어금니에서의 맞물림이 안정된다. 치아를 서로 비벼서 음식물을 갈아 으깰 수 있게 되어, 어른 식사에 가까운 음식도 먹을 수 있게 된다.

유아식 진행방식 2 : 씹는 힘에 맞춘다

씹는 힘은 갑자기 강해지지 않으므로 조금씩 익숙하게 합니다

'씹는 힘'에 맞추는 것도 유아식을 능숙하게 진행시키는 포인트 중 하나입니다. 이유식이 완료되고 유아식이 시작되는 18개월 무렵에는 어금니가 나있지 않아도 잇몸의 두께가 증가해서 어느 정도 딱딱한 음식도 씹어서 으깰 수 있게 됩니다. 아이의 씹는 기능(씹는 힘)과 음식물의 굳은 정도와 형태가 잘 맞으면, 18개월 무렵부터 턱을 자유롭게 움직여 씹는 힘을 기를 수 있습니다. 역으로 맞지 않는다면 씹지 않고 삼켜버리거나, 언제까지고 삼키지 않고 입 속에 담아두기도 합니다. 자주 사레들리고 식사 중에 마구 물을 마시고 싶어 하는 행동이 바로 그런 신호이므로 놓치지 않도록 합니다.

3세 무렵에는 어금니가 전부 갖추어지고 씹는 기능이 향상됩니다. 하지만 씹는 힘이 어른과 같지 않습니다. 갑자기 딱딱한 음식을 먹이는 게 아니라 조금씩 익숙해지도록 해주어야 합니다.

씹는 힘과 맞지 않으면

♥ 입 속에 담아둔다

끝까지 음식물을 삼키지 않고 입속에 담아두는 경우가 있습니다. 먹기 편한 형태와 굳기로 만들어서 먹여주세요.

♥ **물을 많이 마시고 싶어한다**

식사 중에 종종 물을 먹고 싶어 하는 것도 음식물과 씹는 힘이 맞지 않아서인 경우가 있습니다. 잘 관찰해서 놓치고 지나치지 않도록 하세요.

♥ **곧바로 삼킨다**

씹기가 귀찮아서 삼켜버리는 경우가 있습니다. 통째로 삼켜버리는 습관이 들면 비만으로 이어지므로 고치도록 합니다.

1~2세 아기가 먹기 힘든 식품의 예

탄력성이 강하다	• 어묵　• 오징어　• 곤약　• 문어
입속에서 모으기 힘들다	• 다진 고기　• 브로콜리 ※ 걸쭉하게 만들면 먹기 편하다.
흐르르하고 얇다	• 미역　• 양상추 ※ 가열 후 칼집을 내면 먹기 편하다.
목이 막힌다	• 떡　• 곤약 젤리
껍질이 입 속에 남는다	• 콩　• 토마토
물을 들이마신다	• 빵　• 삶은 달걀　• 고구마
씹어서 잘게 부수기 힘들다	• 슬라이스 고기 • 씹어서 으깨거나 삼키기 편하게 하기 위해서, 두들기거나 써는 등 다양한 방법을 생각한다. • 샤브샤브용 고기는 먹기 편하다.

유아식 진행방식 3 : 식사의 내용과 양을 생각한다

유아기에는 제대로 된 식사의 기초를 몸에 익혀야 합니다

유아식을 진행함에 있어서 '식사의 내용과 양'도 매우 중요합니다. 어른은 하루 혹은 며칠 동안의 평균적인 영양 밸런스를 생각할 수 있습니다. 예를 들면 든든한 점심을 먹을 예정이라서 아침식사는 가볍게 한다든지 비타민이 부족하니까 채소를 잔뜩 먹으려고 하는 것과 같이 머릿속으로 조절할 수 있습니다. 하지만 아이들은 이 감각이 아직 몸에 배어 있지 않고, 스스로 재료를 선택하거나 요리하는 일이 불가능합니다. 부모가 준비해준 식사 밖에 하지 못하기 때문에 부모가 식사를 적절하게 챙겨주어야 합니다. 아침·점심·저녁의 3식을 제대로 챙겨 먹는 습관은 물론, 영양 밸런스나 적당량도 부모의 교육을 통해 몸에 익힐 수 있습니다.

아이의 1일 필요 식사량은 어른의 약 절반입니다

아기(1세)의 1일 식사량의 기준은 성인의 1/2 정도입니다. 몸만들기의 기본이 되는 고기·생선·달걀·콩제품을 균형 있게 메뉴에 넣는 것이 중요합니다. 부족해지기 쉬운 비타민, 미네랄, 식이섬유는 채소에서 맘껏 얻습니다. 아이의 성장에 빠져서는 안 되는 칼슘은 '우유·유제품'을 비롯, 녹황색 채소와 생선 등에서 충분히 섭취합시다. 과일은 귤 1개 정도가 기준이 됩니다.

유아식 진행방식 4 : 식단을 생각한다

영양소의 균형을 고려한 좋은 식단으로 편식을 없앱니다

아이에게 적합한 식사란 아이가 원하는 식사라는 의미가 아닙니다. 부모가 생각하는 아이에게 적합한 식사를 말합니다. 유아기에 영양 밸런스 좋은 식사를 편식 없이 먹게 하는 것으로 아이의 식생활의 축이 완성됩니다. 탄수화물·단백질·지방·비타민·미네랄의 5대 영양소를 균형 있게 섭취할 수 있는 식사가 이상적이지만 매번 생각하면서 유아식을 만들기는 매우 힘든 일입니다. 이유식 때와 마찬가지로 '1국물 2반찬'의 식단으로 실천하면 좋습니다.

제철 재료를 적절히 활용해서 엷은 맛으로 색상도 예쁘게 조리하면 아이의 흥미와 관심을 끌 수 있습니다. 흰색·빨간색·초록색·노란색·검정색… 등 다양한 색을 보여줄 수 있는 식단을 짜보세요. 굳이 재료에 함유된 영양소를 기억하고 있지 않더라도 자연스럽게 영양 밸런스를 잡기 쉬워집니다.

또 아이가 질색하는 음식이라면 조리방법을 바꿔서 재시도해보는 것도 엄마가 할 일입니다. 다른 음식물로 대체하면 된다는 생각은 별로 좋지 않습니다. 질색하던 것을 극복하기 위해 노력하는 지혜를 배우고 자신감도 가질 수 있도록 엄마가 신경을 많이 쓰셔야 합니다.

아이의 몸에 악영향을 미치는 메뉴는 NO!

아이가 즐거워하며 잘 먹어주면 이보다 기쁜 일은 없습니다. 하지만 너무 기쁜 나머지 메뉴가 편중되는 경향을 보이거나 씹을 필요가 없는 지나치게 부드러운 메뉴, 지방질이 많은 양식이 식단의 중심이 되는 경우가 있습니다. 이래서는 편식이나 영양과다, 턱의 힘 저하 등 아이의 몸에 악영향을 끼칠 가능성이 있으므로 충분히 신경을 써 주세요. 주의해야 합니다. 즐거운 분위기에서 매너를 지켜 식사를 하는 것도 이 시기에 습득해야 하는 중요한 일 중 하나입니다.

★ 1국물 2반찬의 예

활발하게 움직이며 돌아다니는 유아기에는 에너지를 많이 소비합니다. 밥, 빵, 면류 등에 많이 함유되어 있는 탄수화물이 에너지의 근원이므로 식사를 통해 확실하게 확보하도록 하세요.

• **반찬 하나는 채소나 해조류, 버섯류를 중심으로 식단을 짜보세요.** 당근, 브로콜리, 토마토 등의 녹황색 채소를 1/3이상 사용하면 색상도 좋고 카로틴, 비타민C, 식이섬유, 엽산, 칼륨 등의 섭취량이 높아집니다.

• **두 번째 반찬은 주식에 맞추어서 고기, 생선, 달걀, 콩 제품 등** 단백질을 많이 함유한 재료가 중심이 됩니다. 영양소의 균형을 맞춰 맛에도 신경을 써서 조리하세요. 싫증내지 않도록 다양한 방법으로 조리하시길 권합니다. 유제품을 사용한 메뉴도 추천합니다.

• **채소나 미역, 두부 등의 재료를 넣기 쉬운 국물요리**에는 주메뉴와 반찬에 사용하지 않은 재료를 사용하면 좋습니다. 음식물을 부드럽게 만들어서 목으로 잘 넘어가게 해주세요.

이유식 상담실: 질문 있습니다!

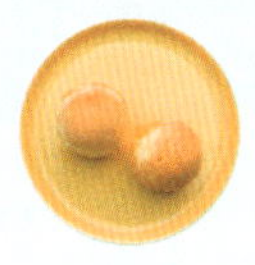

이유식을 만들다보면 궁금한 일들이
많이 생기기 마련입니다.
단계별로 자주 하는 질문들과
답을 모았습니다.
행복한 육아에 도움이 되길 바랍니다.

초기(5~6개월) Q&A

중기(7~8개월) Q&A

후기(9~11개월) Q&A

완료기(1세~1세반) Q&A

초기 (5~6개월)
Q&A

Q 이유식을 시작하기 전에 과즙부터 연습하는 편이 좋을까요?

A 얼마 전까지만 해도 이유식 전 단계에 과즙을 먹이기도 했는데, 지금은 그럴 필요가 없는 것으로 알려져 있습니다. 과즙을 먹음으로써 모유 또는 분유 섭취량이 줄어들어서 성장에 필요한 영양소를 충분히 섭취할 수 없기 때문입니다. 이유식은 생후 5~6개월 무렵부터 시작하므로 이때까지 아기와 함께 느긋한 수유의 한때를 보내도록 하세요.

Q 손가락 빠는 걸 좋아해서 식사 중에도 손가락을 물고 있습니다. 무리하게 못하도록 하면 화를 내며 울어버리네요. 어떻게 하면 좋을까요?

A 그것 참 큰일이군요. 하지만 일시적인 것일 수도 있으므로 무리해서 그만두게 하지 않는 게 좋을 것 같습니다. "(손가락 빨기는) 안 돼요~" "먹고 난 후에 하자" 라고 말하며, 부드럽게 그만두기를 재촉해보는 건 어떨까요? 그러는 동안 아기는 손가락을 빨고 있으면 먹기가 불편하다는 것을 알아차리게 될 겁니다. 단, 손가락을 빼는 것은 외롭다거나 상대해주기를 바란다는 신호일 수도 있으므로 아기와의 유대감을 늘려보시는 것도 필요해 보입니다.

Q 이유식을 시작하고 나서 변의 색깔과 냄새가 변했는데, 괜찮을까요?

A 그건 당연한 일입니다. 모유나 분유 이외의 것이 체내에 들어오고 난 후, 장 움직임이 변화하기 때문에 일어나는 현상이므로 잘 먹고, 잘 놀고, 기분도 좋다면 걱정할 것 없습니다. 하지만 신경이 많이 쓰인다면 의사와 상담을 해보시는 게 좋습니다.

Q 이유식을 시작하고 곧 설사를 하기 시작했어요. 이유식을 중지할까요?

A 설사의 상태를 알 수 없기 때문에 뭐라고 대답하기 어렵습니다만, 당황해서 이유식을 중단하지 않아도 좋은 경우가 많습니다. 설사가 심한 경우가 아니라면 수분을 섭취해주면서, 당질게 음식(죽 등)을 중심으로 상태를 살펴가면서 먹이도록 합니다. 상태가 심한 경우나 판단이 어려운 경우에는 의사와 상담을 하는 게 좋습니다. 의사에게는 변의 색깔과 딱딱함 등을 설명해야 합니다. 설사를 한 기저귀를 가지고 가거나 휴대폰으로 사진찍은 걸 보여주는 것도 좋은 방법입니다.

Q 이유식을 먹기 전에 젖을 먹고 싶어 합니다. 이 버릇은 고치는 것이 좋겠죠?

A 아기가 젖을 찾는 것은 너무 배가 고파서인지도 모르겠습니다. 아기에게 있어서 이유식은 먹는 연습이므로 젖을 먹는 편이 훨씬 편안합니다. 그래서 빨리 공복을 채우고 싶어서 젖을 찾는 것이죠.

이런 경우에는 젖을 조금만 먹이고 아기가 차분해진 후에 이유식을 먹이는 게 좋을 것 같습니다만, 원칙은 이유식을 먹인 후에 젖을 먹이는 것입니다. 이를 위해서는 이유식 시간을 조금 이르게 해보세요.

아기가 이유식에 흥미를 나타내도록 미리 준비를 해두고, 타이밍을 잘 맞춰 먹이는 것이 중요합니다.

Q **매일매일 식욕이 들쑥날쑥해서 걱정이에요.**

A 식사의 들쑥날쑥함은 어른에게도 흔히 있는 일입니다. 몸 상태나 기온에 따라 기름진 것이 먹고 싶은 때가 있는가 하면 산뜻한 것으로 충분한 때도 있는 거지요. 어른의 경우에는 식욕에 맞춰서 메뉴를 바꾸거나 먹는 양을 조절하기 때문에 음식을 남기는 일이 별로 없지만, 아기의 경우는 엄마가 양을 조정하기 때문에 '오늘은 진도가 잘 안 나가네. 괜찮은 걸까?' 라는 불안한 생각이 들 수 있습니다.

매일매일 식욕이 같을 수는 없는 일입니다. 여유를 가져보세요. 발육에 문제가 있으면 전문가와 상담해야 하지만, 그렇지 않다면 신경 쓰지 않아도 됩니다.

Q **시판중인 미네랄워터를 먹여도 영향이 없을까요?**

A 다양한 종류의 미네랄워터가 시판되고 있으므로 우선은 성분을 체크하셔야 합니다. 칼슘과 마그네슘 등 무기질이 많은 것은 아기에게 맞지 않으므로 피하는 편이 좋겠죠.

광물이 적은 경질의 미네랄워터라면 괜찮습니다.

Q **이유식을 시작하고 나서 젖을 먹는 양이 줄어든 것 같은데, 괜찮을까요?**

A 생후 5~6개월 무렵의 이유식은 다양한 맛을 경험하게 해주고 음식이 혀에 닿는 감촉에 익숙해지게 만드는 것이 목적입니다. 에너지나 영양소의 보충은 아직 모유나 분유에 의존하고 있기 때문에 젖을 충분히 먹는 것이 바람직하지만, 일시적인 현상일 수도 있으므로 발육이 순조롭다면 너무 걱정하지 않으셔도 됩니다.

Q 갑자기 이유식을 싫어하며 먹지 않습니다. 당분간 쉬는 편이 좋을까요?

A 준비한 식사를 남기는 건 슬픈 일이죠. 하지만 이유식을 멈추는 것은 바람직하지 않습니다. 언제 먹게 될지 알 수 없는 일입니다. 지금은 아기의 성장이 두드러진 시기라서 2~3일 동안 잘 먹지 않다가도 갑자기 먹고 싶은 기분이 들거나, 배가 고파서 먹게 될 수도 있습니다. 그러므로 이유식은 매일 준비해두시는 게 좋습니다.

아기가 한 번 싫어하더라도 두 번, 세 번 시도해본 후에, "싫어? 그럼, 오늘은 그만 먹을까?"라고 말해주세요. 그래도 싫어하는 기색이 보이면 그때 그만두어도 좋습니다. 준비한 이유식이 허사가 될지도 모르지만 끈기 있게 계속 시도해보세요.

Q 아기가 반응을 보이지 않거나 싫어하는 음식은 어떻게 먹이면 좋을까요?

A 엄마는 아기에게 꼭 먹이고 싶은 음식인데 아기는 엄마 생각대로 잘 먹지 않죠. 아기도 어른과 같습니다. 먹어본 적이 없는 음식을 경계하는 습성이 있는 거죠. 그렇다고 해서 엄마가 무서운 표정으로 먹이려 하거나, 자주 표정이 어두워지면 아기는 더 불안해져서 먹지 않으려 합니다. 이를 극복하기 위해서는 엄마가 즐거운 분위기를 연출해주어야 합니다. 먼저 엄마가 먹는 모습을 보여준 후 "맛있네! 우리 아가도 먹어볼까?"와 같이 약간 오버라는 생각이 들 정도의 액션으로 권해보세요. 이때 충치의 원인이 되는 균이 옮으면 안 되니까 엄마와 아기의 숟가락을 각각 준비하세요. 주위 사람들이 맛있게 먹으면 음식에 대한 불안이 조금씩 옅어져서 아이도 극복할 수 있게 됩니다.

Q 모유는 원하는 만큼 먹여도 괜찮을까요?

A 모유는 아기가 원하는 만큼 먹여도 상관없습니다. 단 수유 리듬에 맞추어 주는 게 중요합니다. 만복과 공복의 리듬을 만들어줘야 하니까요. 아기가 우는 이유는 배가 고파서만이 아닙니다. 아기는 기저귀가 축축하거나, 덥거나, 가렵거나, 배가 아프거나, 누군가 상대해주길 바랄 때 등등 아주 많은 경우에 우는 것으로 밖에 호소할 수 없습니다. 이러니 아기가 왜 우는지를 엄마가 잘 파악해서 대처하셔야 합니다.

수유는 아기에게 있어서 커뮤니케이션의 첫걸음입니다. 어떤 행동을 하면 어떤 반응이 돌아오는지를 엄마를 통해서 배우기 때문에, 자신의 기대와 다른 반응이 돌아오면 아기는 당황하게 됩니다. 역으로, 아기와 마주하고 욕구에 반응을 보여주면 신뢰관계가 생겨납니다. 울 때마다 젖을 주는 게 아니라, 정해진 수유시간에 느긋하게 먹여주세요.

Q 이유식을 먹일 때 의자에 앉히는 게 좋을까요? 무릎 위에 앉히면 좋아라 해서 어느새 습관이 되어 버렸습니다.

A 처음에는 무릎 위에 앉히는 편이 아기의 상태를 잘 알 수 있어서 좋을지 모릅니다. 하지만 점차 메뉴의 수와 식사량이 늘어나므로 언제까지고 무릎 위에 앉힌다면 엄마가 힘들어집니다. 아기에게도 의자에 앉아야 차분하게 이유식을 먹을 수 있으므로 이유식에 익숙해진 후에는 의자에 앉게 해보세요. 이때 주의해야 할 점은, 발을 흔들흔들 떨지 않게 하는 것입니다. 발이 안정되지 않을 때에는 우유팩을 펼친 것을 발이 닿는 높이까지 쌓아서 접착테이프로 고정시켜 보세요. 높이 조절이 가능한 수제 발판이 됩니다.

 ♥ ⌂ ♥ 이유식 특강

Q 낮에 외출해서 이유식을 정해진 시간에 먹이기 힘들면 수유를 미뤄도 괜찮나요?

A 식사 리듬은 가능하면 흐트러지지 않는 것이 좋습니다. 식사 때의 외출은 피하는 편이 좋겠지만 다양한 사정으로 인해 불가능한 경우라면, '가끔은 OK'라고 생각하세요.

Q 분유를 아기가 원하는 만큼 먹여도 좋을까요?

A 분유도 수유 리듬에 맞춰 식욕에 맞게 원하는 만큼 먹여도 괜찮습니다. 단, 아기가 먹고 싶어 하는 만큼 먹인다고 먹였는데, 어느새 엄마가 먹이고 싶은 만큼 먹여버리고 마는 경우가 종종 있습니다. 예를 들어 준비한 분유의 2/3를 먹은 후 아이가 먹기를 멈추었다고 합시다. 이때 나머지 1/3을 억지로 먹이려 하지 마세요. 아기가 2/3에서 멈추었다면 그것이 적당량입니다. 자꾸 권하면 소아 비만이 될 가능성도 큽니다.

Q 이유식을 시작하고 1개월이 지났습니다. 페이스트 상태의 음식을 삼키는 것에 꽤 익숙해졌는데, 언제 2회식으로 늘려야 하나요? 타이밍을 알려주세요.

A 좋은 페이스로 진행되고 있네요. 슬슬 2회식으로 진행해도 좋습니다. ① 이유식을 시작하고 1개월 후 ② 1회식에 익숙해졌다 ③ 능숙하게 삼킬 수 있다 등이 기준이 됩니다. 아기가 잘 먹고, 잘 놀고, 상태가 좋다면 이유식을 1회 더 늘려보세요.

Q 이유식에 적합한 요리의 온도는 어느 정도인가요?

A 체온 정도의 온도가 적당합니다. 엄마의 체온과 같은 정도입니다. 어른 피부의 부드러운 부분에 얹었을 때 뜨겁지 않으면 괜찮습니다. 단, 두부 등은 속이 뜨거운 경우가 있으므로 화상에 조심해야 합니다.

중기 (7~8개월)
Q&A

Q 이유식은 순조롭게 진행되고 있는데, 이제 식후에 수유를 해도 먹지 않네요. 이대로 젖을 떼도 괜찮을까요?

A 이 시기는 아직 아기가 이유식만으로는 필요한 에너지와 영양소를 보충할 수 없습니다. 특히 각종 비타민과 미네랄을 균형있게 섭취하기 어렵습니다. 한편, 모유나 분유에는 영양성분의 많은 부분이 아기에게 적합한 비율로 함유되어 있습니다. 억지로 먹이는 것은 좋지 않지만, 이 시기에는 수유를 계속하시는 게 좋습니다.

Q 음식물이 응가에 그대로 나와 버려 깜짝 놀랐어요!! 몸은 괜찮은 걸까요?

A 괜찮습니다. 토마토의 씨, 껍질 등은 자주 그대로 배출됩니다. 소화가 되지 않았다고 해서 먹이는 것을 멈출 필요는 없습니다. 설사 등의 증상이 나타나지 않는다면 이유식을 계속 진행하세요.

Q 어른이 마시는 차를 먹여도 문제없을까요?

A 카페인 제로인 것을 고르세요. 보리차는 아기가 마셔도 괜찮습니다.

Q 이유식을 많이 먹었다면, 식후에 먹는 분유를 보리차로 바꿔도 괜찮을까요?

A 영양면에서 보면 아직 이유식만으로는 불충분합니다. 아기의 성장을 위해 이 시기에는 아직 분유를 먹여야 합니다. 또한 이 기회에 이유식을 재고해보는 것도 필요합니다. 아기의 성장에 필요한 영양소가 균형 있게 이유식에 담겨 있습니까? 아기가 편식하지 않고 잘 먹고 있다면 9개월 무렵부터 차츰 식후에 먹이는 분유의 양을 줄여나가도 좋겠죠.

Q 우물우물 잘 씹어서 먹고 있는지 확인하려면 어떻게 하면 좋을까요?

A 아기의 옆쪽에서 관찰해보세요. 입이 잘 움직이고 있으면 우물우물 잘 씹고 있는 것입니다.

Q 젖만 먹으려 하고 이유식을 먹이려 하면 모르는 체 하는데, 어떡하죠?

A 모유나 분유를 먹을 때의 입과 혀의 움직이는 방법은 '반사'입니다. 타고나는 본능이니 연습할 필요가 없는 것이죠. 하지만 음식물을 우물우물 꿀꺽 삼키는 것은 입과 혀의 사용방식이 다르므로 학습해야만 합니다. 그 학습이 이유식의 과정이므로 단계에 맞춰 진행해야 합니다. 학습에는 수고가 따르는 법! 아기는 싫어할지도 모릅니다. 매일 매일 조금씩이라도 이유식을 진행하세요.

또 아기가 원한다고 해서 수유시간이 아닌데도 젖을 먹이는 것은 바람직하지 않습니다. 배가 고프지 않으면 이유식을 먹지 않으니까요. 7~8개월이 되면 수유시간이 정해져 있어야 합니다. 어른도 식사와 식사 사이에 사탕이나 초콜릿을 먹으면 식사가 맛있게 느껴지지 않습니다. 이와 마찬가지로 아기가 울 때마다 젖을 먹이면 아기도 식사를 맛있게 할 수 없습니다. 결단을 내려야 합니다. 수유 간격을 확실히 유지하세요.

이유식을 안 먹는다고 해서 바로 젖을 먹이는 것도 좋지 않습니다. 아기도 지금 학습하고 있는 중이잖아요. 떼 쓰면 젖을 먹을 수 있다고 배우게 되면 앞으로 고치기 어렵습니다.

Q **할머니, 할아버지와 함께 살고 있는데, 아기가 먹을 때 모두가 얼굴을 들여다보고 있어서 그런지 주의가 산만하고 거의 먹지를 않네요. 식사 환경을 바꿔야 할까요?**

A 본래 식사란 많은 사람들이 함께 즐기며 먹는 게 가장 바람직합니다. 굳이 식사 환경을 바꾸지는 않으셔도 좋을 것 같습니다. 단, 아기를 너무 특별대우하면서 불편하게 하지는 말아야 합니다. 식사를 할 때 아기에게 지나치게 신경 쓰지 말고, "우리 아기 잘 먹고 있구나." "맛있지?" 정도의 말을 건네면 충분합니다.

생후 5~6개월 무렵에는 오전 10시쯤 이유식을 먹는 경우가 많아서 엄마는 식사를 먹여주는 사람, 아기는 먹는 사람이란 관계가 형성되는 경향이 있는데, 2회식, 3회식으로 진행됨에 따라 아기도 식탁의 일원이 되어갑니다. 아기때부터 가족과 함께 식사를 하고 즐거운 대화를 주고받는 분위기에 동참하게 되면, 자연스럽게 커뮤니케이션의 기초를 배우고 장래의 식사교육으로도 이어지므로 적극적으로 이러한 환경을 만들어주면 좋습니다. 3세대가 동거하고 있는 가정은 할아버지, 할머니와의 관계 방식을 몸으로 느낄 수 있도록 신경을 쓰시는 게 좋겠죠.

Q **자기 손으로 음식을 쥘 수 있다는 것을 알게 된 후부터는 식사 중에 자꾸 음식으로 놀이를 하려고 합니다. 어떻게 하면 좋을까요?**

A 손으로 쥐고 먹으려고 하는 건 스스로 먹고자 한다는 의욕의 표시입니다. 그러므로 어느 정도 자유롭게 놔두세요. 물론, 음식으로 장난을 쳐

서는 안 되지만 그 경계를 명확히 하기가 어렵다는 게 사실 문제죠. 아기는 배가 고프면 손으로 주물럭거린 음식물도 입으로 가져갑니다. 하지만 식사를 시작하고 20분 정도 지나, 배가 부르면 손으로 음식물을 주물럭거리면서도 입으로 가져가지 않습니다. 이런 상태라면 "더 안 먹어?" "이제 그만 먹을까?" 라고 말을 건네며 뒷정리를 하세요.

말을 건네면서 구분을 지어주는 게 중요합니다. 엄마말을 듣고 아기가 반응을 보이지 않더라도, 이런 행위를 반복하는 사이 엄마가 말을 건네면 식판이 치워지고 식사가 종료된다는 것을 아기는 자연스레 알게 됩니다. 아직도 먹고 싶다면 떼를 쓰게 될지도 모릅니다.

"잘 먹겠습니다!' 라는 말로 식사가 시작되듯이, "식사 끝낼까?' 라는 말로 식사가 끝난다는 구분을 지어주세요.

Q 먹는 양에 기복이 있는데, 아이가 먹고 싶어 하지 않을 때에는 양이 충분하지 않음에도 멈추는 게 좋을까요?

A 어른의 식욕도 그날 그날 다릅니다. 먹고 싶어 하지 않을 때에는 무리해서 먹이지 않아도 좋습니다. 하지만 계속해서 거의 먹지 않을 때에는 성장곡선과 대조해서 확인해보세요.

Q 앞니가 나기 시작하면 약간 딱딱한 음식을 먹여도 될까요?

A 앞니는 보통 깎아서 먹을 때 사용합니다. 그렇더라도 어금니로 씹거나 갈아 으깨는 처리가 필요한 음식물을 먹이는 것은 좀 더 월령이 진행된 후에 하도록 합니다.

Q 페이스트 상태의 음식을 먹일 때에는 순조로운데, 알갱이나 식감에 민감해서 조금이라도 이것들이 느껴지면 먹지를 않습니다. 조언 부탁드려요.

A 입자가 얼마나 굵은지 확인해보세요. 알갱이가 있거나 약간 사각거리는 음식은 아기가 저항감 없이 먹을 수 있도록 조리해주세요. 걸쭉하게 만드는 것도 먹기 편하게 만드는 좋은 방법입니다.

Q 메뉴가 항상 같은 것처럼 느껴지는데, 싫증내지는 않을까 걱정이에요.

A 계속 죽만 먹이고 있지는 않은가요? 죽 뿐만 아니라 면류나 빵, 콘프레이크, 때로는 감자류나 바나나로 주식을 바꾸어 보세요. 주식을 바꾸는 것만으로도 곁들이는 반찬도 바뀌게 됩니다.

Q 식사 중 아기의 표정이 어두워져요. 무엇을 먹여도 아기가 반응을 별로 안 보여서 제 어깨에 힘이 들어가네요. 어떻게 하면 아기가 즐겁게 먹을 수 있을까요?

A 아기의 표정이 어두워지는 것은 엄마의 기분이 아기에게 전해지고 있기 때문 아닐까요? 어깨의 힘을 빼고 웃는 얼굴로 "맛있지?" 라고 약간 오버하며 말을 건네보세요. 오늘은 잘 안 먹었더라도 내일은 잘 먹을지도 모릅니다. 신장이나 체중이 성장곡선의 커브를 따라 증가하고 있다면, 하루하루 일에 너무 신경 쓰지 말고 이유식을 진행하세요. 엄마가 즐겁지 않으면 아기도 즐길 수 없습니다.

Q 이유식을 너무 좋아해서 항상 많이 먹고 있어요. 8개월인데 슬슬 3회식으로 진행해도 괜찮을까요?

A 3회식으로 나아가는 기준은 생후 9개월부터지만, 8개월부터 진행해도 됩니다. 3회식을 하게 되면 이제 에너지와 영양소를 얻는 주체가 이유식

이 됩니다. 이유식으로 죽이나 빵, 면만 먹이고 있지는 않은지, 채소를 먹이고 있는지 등 영양 밸런스에 주의를 기울이는 것이 지금까지 이상으로 중요해집니다.

Q 제가 가리는 음식이 많아서 아기에게 주는 재료의 종류도 적습니다. 아무래도 영향이 있겠죠?

A 아기가 편식을 하는 원인은 먹기 불편하거나 먹기에 익숙하지 않기 때문인 경우가 많습니다. 먹이는 재료의 종류가 적으면 점차 먹어보지도 않고서 무턱대고 싫어하게 될 가능성이 있으므로, 엄마가 싫어하는 재료라도 가능하면 먹이려고 노력하시기 바랍니다. 이유식 시기에 다양한 맛을 체험하는 것은 아기에게 있어 매우 중요한 일입니다.

Q 이유식 때문에 머리가 아픕니다. 앞으로 외출할 일도 점점 더 늘어날 텐데, '밖에서의 이유식은 큰일이구나' 싶어 생각만 해도 우울해집니다.

A 외출할 때 휴대가 편한 시판 베이비푸드의 종류가 매우 다양합니다. 요즘은 베이비 코너 및 수유 공간이 잘 마련되어 있어서 엄마들이 편하게 이용할 수 있습니다. 인터넷으로 검색해보고 외출하면 안심할 수 있겠죠. 예전에 비해 많이 편리해졌으므로 너무 스트레스받지 마세요.

완벽하게 이유식을 진행하려는 성실한 엄마는 식사시간에서 벗어난다는 사실이 마음에 걸릴지 모르지만, 가끔이잖아요. 베이비푸드를 활용하는 등 이유식에 대한 부담을 줄여서 엄마 자신이 재충전하는 시간도 한번 만들어보세요.

후기(9~11개월)
Q&A

Q 9개월이 지났는데 이유식을 전혀 받아들이지 않습니다. 지금까지 모유수유만 했는데 괜찮을까요? 젖을 뗄 수 있을지 불안하네요.

A 이유식에 적합한 시기를 놓쳐버리면 이유식을 진행하기 힘들어질 수도 있습니다. 생후 5~6개월에 시작하는 게 적당하지만, 9개월을 넘겼다면 '지금 해도 늦지 않다'는 마음으로 젖을 먹이기 전에 이유식을 먹이기 시작하세요.

이유식을 하는 이유는 일정 시기가 지나면 모유나 분유만으로는 아기의 신체 성장에 필요한 에너지와 영양소를 100% 보충할 수 없기 때문입니다. 이유식은 모유나 분유를 보완해주는 역할을 합니다. 아기가 모유나 분유를 먹는 건 본능적으로 가능하지만, 이유식을 먹는 건 연습해야만 가능한 것이어서 단계를 따라 진행해가는 것이 중요합니다. 아기의 상태를 보면서 초조해하지 말고 진행해보세요. 아기가 자연스럽게 젖에서 멀어지는 '졸유'를 권해드리고 싶군요. 이유식을 진행하면서 모유를 먹어도 괜찮습니다. '언제까지고 젖을 먹어도 괜찮아' 라는 편한 마음으로 아이를 대하면 아이는 어느 순간 젖으로부터 자연스럽게 멀어져갑니다.

Q 9개월에 들어섰습니다. 분유 대신 이유식으로 나오는 '이유기 분유'로 바꾸는 게 좋을까요?

A 9개월 이후에는 이유기 분유로 바꿔도 됩니다. 하지만 이유기 분유는 모유 또는 육아용 분유 대용품이 아니기 때문에 일부러 바꾸지 않아도 좋습니다. 차라리 영양소의 균형을 고려한 이유식을 진행해 나가는데 힘을 집중시키는 편이 좋겠죠. 이유기 분유는 철분 등이 강화되어 있는 등 우유에는 없는 성분도 들어 있습니다. 따라서 적당량의 이유기 분유를 활용해도 좋지만, '9개월 이후'라고 써 있다고 해서 굳이 바꿀 필요는 없습니다. 이유식이 진행되지 않고 철분 부족 위험이 높은 경우에는 필요에 따라 사용하세요.

Q 이유식은 엷은 맛으로 만들라고들 하는데 어느 정도가 적당한가요? 간을 하는 기준이 궁금합니다.

A 이유식의 간은, 어른 음식 간의 1/2~1/3 정도가 기준입니다.

Q 영양 밸런스는 매 끼니마다 맞추어야 하나요?

A 가능하면 끼니마다 맞추시는 것이 좋습니다. 그렇게는 도저히 힘들다 싶으면 하루 단위로 조절해보세요.

Q 시중에서 판매되고 있는 인스턴트 국물요리를 사용해도 괜찮을까요?

A 시판중인 인스턴트 국물요리 중에는 화학조미료와 염분이 들어가지 않은 무첨가 제품도 있으므로 이것을 사용하면 가능합니다.

Q   우리 아기는 스트로 사용이 서툴러서 이유식을 먹을 때 수분을 거의 섭취하지 못합니다. 기분 탓인지 응가가 약간 딱딱한 듯한데 수분이 부족해서인 것 같아 걱정입니다. 하루에 어느 정도의 수분을 섭취해야 좋은가요?

A   아기는 몸이 원하는 만큼 밖에 수분을 섭취하지 않습니다. 그래서 산책 후, 식사 후, 목욕 후 등 아기가 물을 마시고 싶지 않을까 하는 생각이 들면 적당히 때를 봐서 먹이도록 합니다. 너무 많이 마셔버리면 이유식이 진행되지 않을지도 모른다는 걱정은 하지 않아도 좋습니다. 수분이 위 속에 정체하는 시간은 1시간정도이므로 수유 직전이 아니라면 이유식에 끼치는 영향은 별로 없습니다.

수분부족이 마음에 걸린다면 수프 등 수분이 풍부한 국물요리를 이유식 식단에 추가하는 것도 좋은 방법입니다.

Q   베이비푸드를 자주 먹였더니 이제는 제가 손수 만든 이유식을 먹지 않아요. 어떻게 하면 제가 만든 이유식을 먹게 할 수 있을까요?

A   이 무렵에는 미각의 발달도 현저해지는 시기이므로 이유식의 재료, 조리법, 간이 단조로운 경우에는 식욕감퇴를 보이며, 엄마표 이유식을 먹지 않게 되는 경우도 있습니다. 여느 때보다 국물에 간을 하거나 소량의 조미료(간장, 된장, 토마토케첩, 참기름 등)를 사용해서 간이 밍밍해지지 않도록 신경을 써보면 어떨까요?

엄마가 베이비푸드를 한번 드셔보세요. 맛의 다채로운 분야가 넓어져 수제 이유식 만들기에 참고가 됩니다.

Q   이유식을 먹을 때에 수저와 포크를 던져서 곤혹스럽습니다. 그만두게 하는 방법이 있을까요?

A '손으로 쥐고 먹기' 행동을 반복하는 사이, 아기는 수저나 포크, 식기 등에 흥미를 갖기 시작합니다. 아직은 수저나 포크를 사용해서 먹는 게 불가능하더라도 아기의 손이 닿는 장소에 놓아주세요. 수저나 포크를 내던진다면 바로 주의를 주세요. 아기는 나중에 말하면 이해하지 못하므로 내던진 직후에 "던지면 안돼요"라고 가르치세요.

Q 어른 요리에서 덜어서 만들 때 주의해야 할 점이 뭘까요?

A 어른이 먹기 위해 만드는 요리에서 덜어내어 아기 이유식을 만들 때 주의해야 할 점은, 염분이나 당분을 지나치게 섭취하지 않게 하는 것입니다. 아기도 먹이겠다고 생각하며 음식을 만드는 경우에는 간을 하기 전에 덜어내어, 미리 물로 2,3배 희석해서 엷은 맛을 만드세요.

Q 큰 아이가 달걀 알레르기가 있어서 작은 아이에게도 달걀 요리를 먹인 적이 없습니다. 어떤 식으로 시작하면 좋을까요?

A 식품 알레르기 치료법 중, 어느 특정 식품을 제거하는 '제거법'은 의사의 진단 결과에 근거해서만 행해야 합니다. 가령 큰 아이가 달걀 알레르기가 있다고 하더라도 멋대로 판단하면 안 됩니다. 반드시 음식물 알레르기 전문의의 진단을 받고, 지시에 따르도록 합니다.

Q 아기가 요구르트나 과일을 매우 좋아하는데, 진짜 좋아하는 것은 놀면서 먹기인 것 같습니다. 어떻게 대처하는 게 좋을까요?

A 배가 고프지 않은 상태에서 식사시간을 맞이하고 있지는 않은가요? 아기도 배가 고프지 않으면 안 먹습니다. 또 낑낑대면 좋아하는 음식을 내주는 습관을 들이지는 않으셨나요? 아기가 시끄럽게 할 때마다 식사시

간에 관계없이 요구르트나 과일을 먹이면, 아기는 이런 상황을 학습하게 됩니다. 그 결과, 먹고 싶은 음식이 나올 때까지 칭얼거립니다.

이러한 습관을 고치기 위해서는 식사시간에 처음부터 요구르트나 과일을 꺼내지 마세요. 그리고 음식을 가지고 놀기 시작했다면 "이제 그만 먹을까?"라고 물어보고 식사 종료를 확인한 후에 정리하도록 합니다. 오후 간식도 저녁식사에 무리가 가지 않도록 양을 정해서 먹입니다. 또 '간식=단 음식'이라 한정짓지 말고 주먹밥이나 전 등 가벼운 음식을 준비하는 것도 좋겠죠.

Q 저는 첫 아이라 월령에 맞는 굳기로 맞춰 먹이고 있는데, 친구는 둘째라 경험이 있어서인지 제멋대로 먹이더군요. 어제는 타코야키의 문어가 아이 월령에 이르지 않을까 걱정하면서 아이 입에 넣어주며 조마조마했어요. 제가 예민한 걸까요?

A 그렇지 않습니다. 이 시기에는 아직 어금니가 나지 않았기 때문에, 어금니로 씹거나 갈아 으깨야만 소화할 수 있는 음식을 먹이게 되면 통째로 꿀꺽 삼키거나 빨리 먹는 나쁜 버릇이 생기기도 합니다. 그러므로 이가 나 있는 상태를 고려하면서 월령에 맞는 이유식을 이어가세요.

Q 아기가 많이 먹는 게 기쁘긴 한데 최근에 약간 살이 찐 것 같아요. 식사량을 제어하는 게 좋겠죠?

A 이유식이 당질을 기본으로 하는 밥, 면류, 감자, 바나나 등 삼키기 편한 음식과 부드러운 음식들만으로 이루어져 있지는 않습니까? 잇몸으로 으깰 수 있을 정도의 딱딱한 음식을 먹이면 우물우물 하는 데에 시간이 걸리고 많은 양이 아니더라도 만족할 겁니다.

또 많이 먹는 아기들은 대부분 먹는 것에 흥미가 많습니다. 이러한 아이는 가능하면 외출하거나 체조를 해주는 등 식사 이외의 것에 홍미와 관심을 돌려주세요. 참게 하기보다도 의식을 흐트러뜨리게 해주는 것이 중요합니다. 왕성하게 자라는 아기는 키가 자라면서 비만도는 줄어들므로 살찌는 것 같은 낌새가 보이면 식사량을 줄이는 게 아니라 현상유지를 하는 데 신경을 써주세요.

Q **아무래도 아이가 좋아하는 음식 쪽으로 메뉴가 편중되는 경향이 있습니다. 3회식을 진행하게 되었고, 메뉴에 그다지 다양함은 없는데 이대로도 괜찮을까요?**

A 아이의 음식 기호는 어릴 때 어느 만큼 음식의 체험을 했는가에 따라 폭이 다릅니다. 그래서 메뉴를 늘려줄 수 있으면 좋습니다. '아이'가 먹고 싶어 하는 음식이 아니라, 아이의 발육에 좋은 재료와 음식으로 '어른'이 아이의 식사를 컨트롤해 가는 것이 중요합니다.

Q **이유식이 좀 더뎌서 집에서는 아직 죽을 먹이고 있습니다. 다음달부터 어린이집에 보내게 되었는데, 어린이집에서의 이유식은 괜찮을까요?**

A 어린이집에서는 아이의 발달상황에 맞추어 이유식을 준비해줍니다. 가정에서의 이유식 상태를 선생님에게 전해주고, 어린이집에서의 아이 상태를 선생님께 물어보세요. 아이의 페이스에 맞추어 어린이집과 연계하면서 이유식을 진행하시면 됩니다.

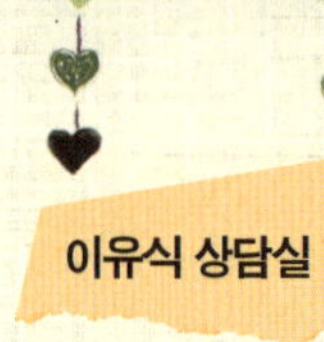

완료기 (1세~1세반)
Q&A

Q 어금니로 씹지 않고 그대로 삼켜버립니다. 능숙하게 씹을 수 있게 만드는 요령이 있을까요?

A 길쭉한 아기용 과자를 어금니의 잇몸 위에 얹어 보세요. 이때 엄마는 과자에서 손을 떼지 말아주세요. "아삭아삭" 소리를 내면서 씹는 흉내를 내면 아기도 따라서 행동을 합니다. "아삭"이라는 소리를 재밌게 느끼며 아삭아삭 씹으므로, "냠냠~" 같은 말을 해주면 점차 씹는 것을 기억해 갑니다. 이것에 익숙해졌다면 과자 이외에도 당근이나 감자를 삶아서 자른 것을 먹여보세요. 크기의 기준은 뚜껑 있는 볼펜의 뚜껑 정도의 길이면 됩니다. 이 크기라면 아기가 손으로 쥐고 먹기 편하므로 손으로 쥐게 하고 아삭아삭 씹기를 촉진해보세요.

Q 어른 식사의 간이 강해서 이유식을 만들 때 저도 모르게 짜게 간을 하게 되는데, 그 맛에 익숙해져서 제대로 간이 밴 음식만 먹게 될까봐 고민이에요.

A 가능하면 엷은 맛으로 변경하세요. 식단 모두 엷은 맛이라면 진도가 나가지 않을지도 모르니 메뉴 중 딱 하나만 제대로 간을 해보세요. 한 가지라도 간이 제대로 된 음식을 먹으면 만족하는 경우가 많습니다. 조금

씩 엷은 맛에 익숙하게 만들어가세요. 어른 식사의 간이 강하면 생활습관병으로 이어질 위험도 큽니다. 어른도 엷은 맛으로 드시길 권합니다.

Q **손으로 쥐고 먹어서 매일 청소하는 게 큰일입니다. 예의 바르게 먹게 하는 방법이 있겠죠?**

A 예의 바르게 먹게 만들어야겠다는 '목표'가 있으면, 자신도 모르는 사이에 엄마 얼굴이 무서워져버립니다. 갑자기 식탁의 분위기가 나빠지고 아기에게도 그것이 전달됩니다. 손으로 쥐고 먹는 시기에는 바른 예절보다도 아이의 먹고자 하는 의욕을 살려주는 게 중요하므로, 원래 어지럽히며 먹는 시기라는 각오를 하시는 게 좋겠습니다. 바닥에 신문지나 비닐시트를 깔고 청소하기 쉽게 미리 준비해두는 것으로 엄마의 기분은 느긋해집니다. 엄마가 안정되어 있으면 아기도 안정되게 먹을 수 있습니다. 중요한 건 배가 가득 찼는지를 알아차리는 문제입니다. 먹을 생각이 없으면서 음식을 가지고 논다면 "이제 그만 먹을까?" 라고 묻고 식사의 종료를 알린 후, 식사를 남겼더라도 깔끔하게 뒷정리를 합니다. 선을 명확히 하면 아기가 식사에 집중하게 됩니다.

Q **분유를 먹여 키워서인지 분유병을 너무 좋아해요. 스트로나 컵으로 다른 음료수를 먹으려 하지 않아요.**

A 분유병을 그만 사용하고 싶다면 큰 맘 먹고 실행에 옮기셔야 합니다. 스트로나 컵 밖에 없다면 차차 먹게끔 됩니다. 스트로는 어느날 갑자기 빨 수 있게 되는 경우도 많습니다. "빨아봐! 이렇게 이렇게~"라고 말한들 아기는 방법을 알지 못합니다. 처음에는 보글보글 거품만 일으키지만 숨을 빨아들여서 '이거구나'라고 깨닫게 됩니다. 체험하게 하는 것이

최고의 방법입니다. 컵도 능숙하게 마실 수 있게 되기까지는 엎지를 것을 미리 생각해서 약간만 담아보세요. 아기가 좋아하도록 스트로나 컵을 다룰 수 있는 상황을 만들어주는게 필요합니다.

Q **몸이 아프고 난 후 이유식이 진행되지 않아 초조합니다. 전 단계로 되돌리는 게 좋을까요?**

A 전 단계로 약간 되돌리는 편이 매끄럽게 진행되는 경우가 많습니다. 1주일 정도를 기준으로 조금씩 원래대로 되돌아오도록 하세요.

Q **편식이 심해 안절부절하게 되네요. 식사시간을 즐길 수 있는 방법이 있을까요?**

A 이유식의 편식은 일시적인 경우가 많습니다. 그러므로 오늘 피망을 뱉었다고 해서 내일 또 뱉는다고 단정짓지 마세요. 한 번 거부했다고 해서 '싫어하는구나' 라고 생각하지 말고 다시 시도해보세요. 같은 음식이 빈번하게 나오면 아기도 싫증을 내므로 날짜의 간격을 두고 시도해보세요. 이전에 볶음요리였다면 다음에는 찜요리를 하는 등 조리방법을 바꾸거나 재료의 모양에도 다양하게 변화를 주는 것이 중요합니다.
당근을 강판에 갈아서 핫케이크에 넣은 것을 먹었다고 해서 당근을 극복한 건 아닙니다. 아기가 당근임을 알고 먹어야 극복했다고 할 수 있으므로, 먹었을 때에는 "대단한데! 당근도 잘 먹는구나" 라고 칭찬해주세요.

Q **고기를 질색해서 거의 먹으려 하지 않습니다. 먹기 편한 조리방법이 있을까요?**

A 이것은 분명 고기의 섬유질이 입안에 계속 남아있는 것이 싫어서일 것입니다. 그러므로 얇게 썬 고기는 섬유질이 남지 않도록 두들겨서 조리하세요. 다진 고기도 자주 사용하지만 부슬부슬한 상태라면 먹기 불편

하므로 입속에서 뭉치기 편하도록 끈끈하게 만드는 등 다양한 방법이 있습니다.

Q 돌이 지났는데도 이유식을 제대로 먹지 않습니다. 아주 조금 먹고는 바로 싫증을 내며 의자에서 내려와버립니다. 아기 페이스대로 진행해도 괜찮을까요?

A 이유식을 거의 먹지 않고 의자에서 내려와버리는 것은 배가 고프지 않아서 식사에 집중할 수 없어서일지도 모릅니다. 돌이 지나면 규칙적인 생활을 하고 배 고픈 상태에서 식사할 수 있게 해주는 것이 중요합니다. 어린이집 등 집단생활을 하고 있는 아이는 비교적 생활 리듬이 정비되기 쉽지만, 가정에서 자라는 아이는 생활 리듬이 흐트러지기 쉬운 경우가 많아서 신경을 써야 합니다. 예를 들어 아기가 잘 시간에 아빠가 귀가해서 집이 소란하거나 늦은 시간에 아빠와 목욕탕에서 놀이를 하면 새벽까지 잠을 못 자게 되겠죠. 그렇게 되면 아침 일찍 일어나기는 힘들어집니다. 엄마도 굳이 깨우려 하지 않고 그 사이에 가사 일을 하고 계시지는 않습니까? 아침이라고도 점심이라고도 말할 수 없는 어중간한 시간에 일어나서는 식사 리듬이 흐트러지기 마련입니다.

우선은 아침 식사를 맛있게 먹을 수 있도록 일찍 자고 일찍 일어나기를 함께 실천하세요. 아이 뿐만 아니라 가족 모두가 아침형 생활리듬으로 바꾸는 것이 성공 비결입니다.

Q 18개월이 되었는데 식사에 전혀 흥미가 없습니다. 덩어리가 조금만 커도 뱉어버립니다. 간식이나 우유, 분유도 거의 먹지 않습니다. 어떻게 하면 좋을까요?

A 성장에 지장이 없다면 무리해서 먹이지 않아도 괜찮은데, 음식에 전혀 흥미가 없다면 걱정이군요. 어른이 관여하는 방법이나 자세가 아이에

게도 영향을 끼치므로 우선은 식사 시간이 몹시 기다려질 수 있도록 말 건네기나 즐거운 분위기 만들기에 집중해보세요. 18개월이 되면 어른 식사에 가까운 식단일 것이므로 우선은 엄마와 아빠가 먹고서 "아아, 생선 맛있구나~"라며 식사에 흥미가 생길 만한 말을 건네보세요. 간식 이나 음료수도 마찬가지입니다. 아이의 흥미는 부모가 적극적으로 관계 를 갖는 것으로 넓어지는 경우가 많습니다. 주위 사람들이 식사에 대한 흥미와 관심을 갖고 있으면 아이도 저절로 흥미를 갖게 됩니다. 약간 오 버다 싶을 정도로 말을 건네보세요. 효과가 아주 좋습니다.

덩어리가 좀만 커도 뱉어버리는 건 아기에게 있어서 먹기 편한 크기로 조리되어 있지 않기 때문인지도 모릅니다. 이유식은 먹는 연습도 겸하 고 있기 때문에 단계에 따라 조금씩 나아가는 것이 중요합니다. 덩어리 는 조금 작은 듯하게 시작해서 차차 크기를 키워가세요.

Q 공복으로 한밤중과 아침 일찍 깨어서 먹기를 원합니다. 어쩔 수 없이 차와 빵 등을 먹이는데 그만두게 만드는 방법은 있습니까?

A 식사 리듬을 재검토해 보세요. 배가 고플 때 가벼운 음식으로 가볍게 끝 내고 있지는 않은가요?

과자나 빵은 하나에 350kcal 정도 합니다. 예를 들면 그것을 두 개 먹으 면 에너지는 한끼 분 이상 얻을 수 있지만 식사를 한 것 같은 기분은 거 의 들지 않죠. 인스턴트 식품이나 과자 빵 등 영양 밸런스에 나쁜 식품 은 일시적으로 공복은 채워주지만 만족감이 없기 때문에 또 무엇인가 먹고 싶어지게 됩니다. 어른은 적당히 조절할 수 있지만 아기는 그렇지 못하므로 밤중에 깨는 것입니다.

이 고민을 해소하기 위해서는 영양 밸런스 좋은 식사를 섭취하는 것과 생활 리듬을 정비해서 어느 정도 정해진 시간에 3끼를 먹이는 것을 권합니다. 배가 고파야 밥을 먹는다는 사람들이 늘어나고 있는데, 배고픔을 느낀 후에 식사 준비를 하면 간단하게 끝낼 수 있는 것에 의지하게 됩니다. 밥을 지어도 30분정도 걸리니까 3분 만에 준비할 수 있는 인스턴트 컵 면류에 손을 뻗어 버리는 것이죠. 하지만 식사시간이 정해져 있다면 계획해서 밥을 짓게 될 겁니다. 우선은 밥이 완성되는 시간에 맞추어 반찬을 만드는 것부터 시작해보세요.

Q 우유를 먹이고 싶은데 그대로 먹일 수 있는 것은 언제쯤부터인가요?

A 돌이 지나고 나서부터입니다. 1일 300~400ml 정도가 기준입니다.

예를 들면 오전, 오후의 간식시간에 100ml 정도 먹이고, 나중에 요구르트나 치즈 등의 유제품으로 보충해도 좋겠죠. 그대로 먹는 것 뿐 아니라, 그라탱이나 스튜 등 조리에도 활용해보세요.

Q 16개월이 됩니다. 돌 전부터 손으로 먹기 시작해서 아이가 손에 쥐기 쉬운 것을 건네주곤 했는데, 손으로 먹는 건 언제까지 계속되나요?

A 아기가 즐겁게 먹는 모습이 눈에 선하네요. 아기가 능숙하게 먹을 수 있게 되어 엄마가 기쁘다는 걸 아기에게도 전달해주세요. 식사는 먹이는 것이 아니라 아이 스스로 먹는 것입니다. 식사시간을 정해서 그 시간에 자유롭게 먹게 하는 것이 중요합니다.

또한 식사와 놀이를 구별하도록 아기에게 확실히 가르치세요. 손으로 먹는 것은 보통 2세 무렵이면 사그라드는 경우가 많고, 그 이후는 수저나 포크를 사용해 먹게 됩니다.

Q 먹은 음식을 입안에 담아두고 좀처럼 삼키지 않아서 고민입니다.

A 어금니가 자라고 있는 상태라면 씹어서 으깨거나 갈아 으깰 수 있는 재료의 크기가 다릅니다. 위화감이 들어 거의 삼키지 않는 거죠. 아이의 이가 자라고 있는 상태에 맞추어 재료의 형태와 크기를 조절해주세요.

Q 슬슬 어른과 같은 메뉴로 식사를 하고 싶은데 요리는 손이 덜 가는 음식을 하는 경향이 있어서, 아침과 점심은 간단하게 밥, 또는 빵과 우유를 먹습니다. 아이도 같은 메뉴로 먹여도 괜찮을까요? 제대로 만들어줄 자신이 없어서 우울해지네요.

A 전부 직접 만들려고 하지 마세요. 괜찮습니다. 시판되는 반찬이나 인스턴트식품을 잘 활용하면 우울해지지 않고도 끝낼 수 있습니다. 주의를 기울여야 할 점은 구색입니다. 편의점을 이용할 경우 먹고 싶은 것만 구입하는 것은 좋지 않습니다. 채소와 고기, 밥과 같이 가능하면 영양성분이 다른 것을 고르는 것이 중요합니다.

단백질이 많은 것은 고기와 생선, 달걀. 당류가 많은 것은 밥, 빵, 면류. 비타민·미네랄이 많은 것은 채소와 해조류입니다. 이러한 영양소가 어느 정도 머릿속에 들어 있으면, 그것을 참고로 해서 고르시면 됩니다. 또 재료나 조리방법, 간 등이 다른 것을 고릅니다. 구운 음식, 볶은 음식, 찐 음식 등 조리방법이 다양하고 풍부한 편이 좋습니다. 재료도 색감이 좋은 것을 고르는 것이 중요합니다. 그렇게 하면 식욕도 돋궈줄 뿐 아니라 영양 밸런스를 맞추기 쉽습니다.

아침에는 간단한 반찬과 밥으로 괜찮습니다. 하지만 점심, 저녁은 가능하면 매일의 식단이 바뀔 수 있도록 신경을 써 보세요. 단 식단 전부가 시판되는 음식이라면 따분하겠죠. 또 비용도 많이 들기 때문에 밥과 국물요리는 손수 만들고 반찬은 시판되는 요리로 해결하는 것도 하나의

방법입니다. 레토르트 식품, 냉동식품, 통조림 등 보관 가능한 것도 많
으니 잘 활용하면 식사 준비가 편해집니다. 냉동식품에는 조리된 것뿐
만 아니라 채소나 감자류 등 재료 자체를 삶은 식품도 있습니다. 시금치
나 토란을 데쳐서 자르는 것과 같은 밑손질은 번거롭지만, 냉동채소라
면 필요한 만큼 꺼내서 바로 조리 가능합니다. 능숙하게 활용해보세요.

Q 식사 도중에 물을 마시고 물과 함께 밥을 마시듯이 흘려 넣어서 먹고 있습니다. 이
렇게 먹는 방식도 괜찮은 걸까요?

A 지금은 씹는 방법을 배워야만 하는 시기입니다. 밥을 물과 함께 흘려 넣
는 것은 좋지 않습니다. 걸쭉하게 만들어서 목을 통과하기 좋게 해서 먹
이면, 물로 흘려 넣어 먹는 일은 줄어듭니다. 또한 물과 함께 먹는 습관
이 없어질 때까지는 식사를 마친 후에 물을 내오도록 합니다.

Q 식사시간이 맞지 않아서 3끼 모두 아이 혼자서 식사를 하고 있는데, 부모도 함께
먹는 편이 좋을까요?

A 3회식을 하게 되었다면 가능하면 아이와 함께 식사를 하세요. 즐거운
분위기 속에서 식사를 하면 아이의 균형 잡힌 식습관으로도 이어집니
다. 또 이 시기에는 다양한 맛을 체험하는 것이 중요합니다. 어른과 함
께 먹으면 식사에 흥미가 솟아나고 다양한 커뮤니케이션도 배우게 됩
니다. 온 가족이 둘러앉아 저녁 식사를 하는 게 어렵다면 시간을 맞추
기 쉬운 아침 식사를 메인으로 해보세요. 아침형 생활리듬으로 바꾸어
아침식사를 온 가족이 함께 하는 것입니다. 또 온 가족이 함께 식사하는
것이 어렵더라도 점심식사나 저녁식사는 엄마와 함께 먹을 수 있도록
신경을 쓰세요. 아이의 식사시간에 맞추면 어른도 건강해집니다.

Q 식사에 기복이 심해 어제는 기쁘게 먹었는데 오늘은 먹지 않는 일이 많습니다. 메뉴 선택이 너무 어렵습니다. 전혀 먹지 않는 날도 있고 공복을 채우기 위해 바나나나 과자, 빵이 빠지지 않습니다. 어떻게 하면 좋을까요?

A 식사시간이 정해져 있습니까? 식사의 기복이 식사 리듬이 깨졌기 때문에 일어난 것이라면 우선 그 부분을 개선해보세요. 아침, 점심, 저녁 시간이 정해져 있다면 기복이 있더라도 그렇게 걱정할 것 없습니다. 어른도 컨디션의 변화나 기후, 기분 등에 의해 식욕에 기복이 생기는 법. 아기도 마찬가지입니다. 소면을 먹고 싶은데 카레를 먹이면 식욕이 떨어진다 해도 이상한 일이 아니지요.

좋지 않은 것은 공복을 채우기 위해서 바나나나 과자 빵을 먹어버리는 것입니다. 달콤한 음식을 주게 되면 아기는 기뻐하며 먹을 것입니다. 이 때문에 식사가 진행되지 않는 경우도 있으므로, 아이에게 무엇을 먹이고 싶은가를 잘 생각해서 먹여주세요.

Q 이유식이 완료되었다면 어른과 같은 식사를 해도 좋을까요?

A 형태가 있는 음식물을 씹어서 으깰 수 있게 되면서 영양소나 에너지의 대부분을 식사로부터 얻을 수 있게 되는 것을 '이유 완료'라 부르는데, 아직도 씹는 기능은 발달단계에 있습니다.

충분히 씹을 수 없는 아이는 통째로 삼켜버리기 때문에 탄력 있는 것이나 얇게 썬 고기 등은 주의가 필요합니다. 먹기 편한 크기로 자르는 등 신경을 써서 조리해보세요.

이유가 완료되어도 3세정도까지는 유아식을 준비해주세요. 영양 밸런스 잡힌 식사를 즐겁게 먹는 것을 습관화할 수 있다면 좋겠죠. 또한 염분이 많은 식사에 익숙해지면 짠 맛을 선호하게 되어 건강상 바람직하지 않습니다. 앞으로도 엷은 맛으로 조리하세요.

어른에게도 염분이 적은 식사가 바람직하므로 양쪽 식사 모두 엷은 맛
으로 조리하면 식사준비가 편해집니다.

곤란한 상황에서 이유식

"큰일났어요!"
"아기가 아플 때에는 이유식을 어떻게 해야 하죠?"
"음식물 알레르기가 생긴 것 같은데 계속해야 할까요?"
각 상황별로 대처방법을 소개합니다.
당황하지 말고 차분하게 행동하세요.

몸 상태가 나쁠 때
음식물 알레르기
외출할 때

몸 상태가 나쁠 때

아기가 어쩐지 기운이 없고, 식욕이 떨어지면 이유식을 계속 해도 될지 불안해집니다. 증상별 대처방법과 추천 레시피를 소개합니다.

★ 침착하게 아기의 상태를 관찰한다

아기의 건강 상태가 나쁠 때 맨 처음 알아챌 수 있는 사람은 가까이에 있는 엄마입니다. 불안한 마음이 들겠지만 이러한 때야말로 침착하게 적절한 대처를 해야겠죠.

가장 중요한 것은 아기를 안심시키는 일입니다. 안아주거나 얼굴을 쓰다듬어주거나 따뜻하게 말을 건네주면 아기는 안심하게 됩니다. 그런 후에 어떤 증상이 나타나고 있는가를 꼼꼼하게 점검하도록 합니다. 몸에 열이 난다면 체온을 재고 땀을 닦아주고, 설사와 구토를 한다면 그 뒤처리를 하고, 몸은 물론 주위를 청결히 합니다. 상태가 나쁘더라도 몸이 깨끗해져 기분이 좋아진다면 그것만으로도 아기는 안정됩니다.

또한 변과 토사물은 의사의 진단에 참고가 되므로 챙겨두거나 사진으로 찍어두세요. 여느 때와 다른 점이 있는 것 같다면 의사와 상담을 하는 것이 좋습니다.

★ 증상이 가벼워보여도 의사의 진단을 받는다

열이 있어도 아기가 건강한 경우가 종종 있습니다. '감기인가?' '별 거 아닌 것 같네' 싶더라도 아기의 병 진행은 어른이 생각하는 이상으로 빠르므로 병원에 데리고 가서 의사의 진단을 받습니다. 불안한 점이 있었다면 그것을 메모해서 의사와 상담하고 진단을 받도록 합니다.

홈케어에서 잊어서는 안 될 점이 수분보충입니다. 열이 있을 때 뿐 아니라 설사와 구토를 할 때에도 수분을 빼앗기기 때문에, 끓여서 식힌 물을 열심히 마시게 합니다. 그리고 아기의 상태를 보면서 재우고, 칭얼거리면 기분이 좋아질 때까지 안아줍니다. 열이 있더라도 기분이 좋을 때에는 무리하게 재우지 말고 아기의 마음 내키는 대로 집안에서 느긋하게 지내게 합니다. 나아가는 과정이 매우 중요하기 때문에 증상이 수그러들더라도 약을 도중에 끊을지는 의사와 상담하는 것이 좋습니다.

★ 기본 대처법

1 상태가 이상하면 빨리 케어를
아기의 병기운의 진행은 성인이 생각하는 것보다 빠르므로 변화를 느꼈다면 바로 병원에 데리고 가는 것이 좋습니다.

2 빼앗기기 쉬운 수분을 보충
아기는 어른에 비해 체내의 수분이 많습니다. 설사와 구토를 하게 되면 탈수증상을 일으키기 쉬우므로 끓여서 식힌 물을 마시게 합니다.

3 외출을 피하고 집에서 조용히 생활하는 게 좋아
꼭 재워야만 하는 것은 아니지만 외출은 엄금. 안아주거나 몸을 문질러주면서 상태를 살펴보세요.

✽ 발열

★ 식욕이 있다면 소화시키기 좋은 죽과 우동을

열이 올라가 있을 때에는 이유식을 무리하게 먹이지 않아도 좋습니다. 차라리 끓여서 식힌 물과 보리차 등 수분을 충분히 보충해주어 탈수증상을 예방합니다. 열이 있더라도 식욕이 있다면 우동과 소면 등 목 넘김이 좋고 소화시키기 좋은 것을 먹입니다. 비타민과 미네랄도 부족해지기 쉬운 경향이 있으므로 과일과 채소수프 등도 추천합니다.

이유식을 일시중단한 경우에는 음식물의 크기와 형태를 바로 한 단계 앞으로 되돌려 부드러운 것을 먹입니다. 무리 없이 먹는 것 같다면 원래대로 되돌아갑니다. 죽과 우동 등 소화시키기 좋은 것에서부터 조금씩 두부와 흰살생선, 닭가슴살 등 체력회복으로 이어지는 단백질원을 늘려갑니다.

★ 홈케어 방법

바지런히 옷을 갈아입혀야

열이 있을 때에는 두꺼운 옷을 입히면 열이 안에 갇혀버려 체온이 상승하게 됩니다. 또 땀 흘린 의복을 그대로 두면 땀으로 인해 체온이 식어버리고 맙니다. 얇은 옷으로 입히고 바지런히 갈아입혀 줍니다.

머리와 이마보다도 겨드랑이 아래와 발목 부위를 식히는 편이 효과적입니다. 아기의 상태를 보면서 차가운 목욕 수건 등을 끼워줍니다.

열이 있어도 무리하게 재울 필요는 없고, 실내에서 조용하게 생활합니다. 외출 등 체력을 소모하는 일은 피하는 것이 좋고, 상태가 좋다면 목욕도 OK. 목욕 후에 한기를 느끼지 않도록 잘 케어해주세요.

추천 레시피

7~8개월

사과 두부 버무리

조리시간 10분

재료

두부 … 30g
사과(강판에 갈기) … 4작은술

만드는 법

❶ 두부는 내열 용기에 담아 랩을 씌워 전자레인지에 약 20초 가열한다.
❷ 두부를 갈아 으깨서 사과와 섞어준다.

9~11개월

흰살생선 순무 우동

조리시간 15분

재료

우동(건면) … 15g
흰살생선(다지기) … 1큰술
다시국물 … 1/4컵
순무(강판에 갈기) … 1큰술

만드는 법

❶ 우동은 삶아서 잘게 썬다.
❷ 작은 냄비에 다시국물과 흰살생선을 넣고 흰살생선이 익을 때까지 끓인다.
❸ ②에 ①과 순무를 넣어 우동이 부드러워질 때까지 끓인다.

1세~1세반

달걀 죽

조리시간 15분

재료

진밥 … 60g
다시국물 … 1/2컵
달걀 푼 것 … 1/2개분

만드는 법

❶ 작은 냄비에 다시국물과 진밥을 넣고 걸쭉해질 때까지 끓인다.
❷ ①에 달걀을 풀어 넣고 달걀이 익을 때까지 끓인다.

* 목의 통증 · 기침

★ 목을 자극하지 않는 음식, 소화 잘 되는 따뜻한 음식을

목이 아프거나 기침이 날 때에는 따뜻하고 목으로 잘 넘어가는 음식을 먹이도록 합니다. 우동이나 죽 등은 소화가 잘 되는 음식으로, 평상시보다 부드럽게 푹 끓여서 식욕에 맞게 조금씩 먹여주세요.

기침이 심할 때에는 기침이 잠잠해질 때를 기다렸다가 먹입니다. 감기 때문이라면 곧 회복하므로 식욕이 없는 것 같으면 무리하게 먹이려 하지 마세요.

기침은 감기에 걸렸을 때만 나는 게 아닙니다. 작은 콩이나 단추, 전지 등을 삼킨 경우나 기관지염이나 폐렴에 걸렸을 경우에도 기침을 하게 됩니다. 갑자기 심하게 기침을 하고 기침이 계속 이어지는 등 이상하다는 생각이 들면 바로 전문의에게 진단을 받도록 하세요.

★ 홈케어 방법

세워 안고서 등을 쓰다듬는다

기침이 멎지 않을 때에는 세워서 안거나 쿠션을 사용해서 호흡하기 쉬운 자세를 만들어주세요. 등을 쓰다듬거나 가볍게 두드려주면 기침이 멎고 호흡이 안정되는 경우도 있습니다.

수분보충으로 기침을 멎게 한다

수분을 보충하면 목의 점막이 축축해져서 호흡이 편안해져 기침이 멎기 쉬워집니다. 단, 한 번에 많이 마시게 하면 역효과입니다. 사레들거나 게워내지 않도록 주의를 기울이며 조금씩 마시게 합니다.

목을 자극하지 않는 환경을

건조함과 먼지는 큰 적입니다. 창을 꽉 닫고 있으면 공기가 탁해져 목에 안 좋으므로 바지런히 창을 열고 공기를 교체해주세요. 머리맡에 젖은 수건을 걸어두면 가습효과를 얻을 수 있습니다.

추천 레시피

7~8개월

무 흰살생선 수프

조리시간 15분

재료

무, 흰살생선(부드럽게 삶아서 갈아 으깨기) … 각 2작은술
채소수프 … 1큰술

만드는 법

❶ 내열 용기에 무, 흰살생선, 채소수프를 담는다.
❷ ①에 랩을 씌워 전자레인지에 약 20초 가열한다.

9~11개월

달걀찜

조리시간 10분

재료

달걀 푼 것 … 1/2개분
다시국물 … 3큰술

만드는 법

❶ 달걀에 다시국물을 넣고 잘 풀어준다.
❷ ①을 내열 용기에 담아 랩을 씌워 전자레인지에 약 1분 가열한다.

1세~1세반

당근 수프

조리시간 15분

재료

당근 … 20g
채소수프 … 1/2컵
진밥 … 2작은술

만드는 법

❶ 당근은 얇게 썬다.
❷ 작은 냄비에 당근, 채소수프, 진밥을 담아 당근이 부드러워질 때까지 익힌다.
❸ 믹서기에 ②를 넣고 매끄러워질 때까지 섞는다.

콧물 · 코막힘

★ 코에 공기가 잘 통하게 만드는 따뜻한 메뉴를 추천

코가 막혀 있으면 배가 고파도 식욕이 생기지 않습니다. 먹지 않는다고 해서 초조해할 필요 없습니다. 수증기는 코에 공기가 통과하는 걸 도와줍니다. 따뜻한 음식을 먹여보세요. 또 흐물흐물한 상태로 만들면 먹기 편해지므로 부드럽게 푹 삶거나 걸쭉하게 만들면 아기의 식욕이 증가하는 경우도 있습니다.

콧물이 나는 경우에는 점막이 약해져 있어서 비타민A(β-카로틴)와 비타민C를 섭취해서 저항력을 키워줍니다. 당근이나 시금치, 단호박 등 녹황색 채소나 오렌지 등의 과일이 여기에 해당됩니다. 단, 기침이 나는 경우는 목을 자극하므로 감귤류나 신 음식은 피합니다.

★ 홈케어 방법

콧물 색을 본다

투명한 콧물이라면 문제없지만, 끈적임이 느껴지고 색도 노랑이나 녹색, 갈색 등일 때에는 세균에 감염되어 있을 우려가 있습니다. 이러한 때에는 바로 진찰을 받도록 하세요. 코막힘으로 아기가 괴로워하는 것 같으면 병원으로 데려가 주세요.

콧물이 나오면 바지런히 닦아줍니다. 문지르거나 닦아내면 코 아랫부분이 발갛게 짓무르므로 가제수건으로 툭툭 가볍게 두들겨서 콧물이 붙게 하세요. 콧물이 남아있으면 건조해져서 호흡하기 괴로워지므로 바지런히 닦아내주는 게 좋습니다.

코를 따뜻하게 해서 공기가 잘 통하게 한다

코가 막혔을 때에는 데운 수건을 코에 대면 통과가 좋아집니다. 실내가 건조하면 코도 건조해지기 쉬우므로 세탁물을 실내에 널어놓거나 젖은 수건을 머리맡에 걸어두거나 가습기를 사용해서 습도를 올려주세요.

추천 레시피

7~8개월

시금치 두부 무침
조리시간 10분

재료

시금치(부드럽게 데쳐서 갈아 으깨기) … 1큰술
두부(삶아서 갈아 으깨기) … 2작은술

만드는 법
❶ 시금치와 두부를 잘 섞어준다.

9~11개월

라따뚜이
조리시간 15분

재료

당근, 양파, 꼬투리 강낭콩, 가지(잘게 썰기) … 각 1큰술
토마토(팔팔 끓는 물에 살짝 데쳐서 껍질과 씨를 제거한 후 다지기) … 1큰술
물 … 3큰술

만드는 법
❶ 작은 냄비에 재료를 전부 넣고 부드러워질 때까지 삶는다.

1세~1세반

단호박 샐러드
조리시간 10분

재료

단호박(삶아서 으깨기) … 2큰술
브로콜리, 당근(삶아서 다지기) … 각 1큰술
플레인 요구르트 … 1작은술

만드는 법
❶ 단호박, 브로콜리, 당근을 잘 섞어준다.
❷ ①을 플레인 요구르트로 버무린다.

설사

★ 위에 편한 재료를 골라서 조리한다

설사를 할 때 가장 무서운 것은 수분을 빼앗기면서 발생하는 탈수증상입니다.
설사가 심할 때에는 수분을 바지런히 보충하면서 상태를 살펴보세요.

아이가 비교적 건강하고 식욕이 있다면 평상시와 마찬가지로 이유식을 먹여
도 괜찮습니다. 단, 위장이 약해져 있으므로 부드럽고 소화하기 좋은 음식을
먹여주세요. 에너지로 바뀌는 죽, 우동을 비롯해 부드럽게 간 사과나 푹 삶은
채소도 적합합니다.

피해야 할 재료는 고구마, 양배추, 부추, 파, 숙주나물 등 섬유질이 많은 재료
나 유지류(油脂類)입니다. 뱃속을 자극하지 않는 음식을 먹이도록 합니다.

★ 홈케어 방법

변의 상태나 횟수에 주의를 기울인다

아기의 응가는 원래 묽어서 설사인지 판단이 어렵지만 여느 때보다 수분이 많
고 횟수도 1~2회 많은 것 같다면 설사를 의심하고 진찰을 받도록 하세요. 바이
러스나 세균 등의 병원체에 감염된 위장염인 경우도 있습니다.

심한 설사가 계속될 때 혹은 구토를 수반하는 경우는 탈수증상을 일으키는 경우가 있습니다. 물을 조금씩 여러 차례 나누어 먹이는 것이 중요합니다. 위와 장을 자극하지 않도록 차가운 것보다는 상온의 미지근한 상태가 좋습니다.

설사가 계속되면 엉덩이가 항상 축축한 상태로 있어서 컨디션이 좋지 않습니다. 닦기보다는 샤워기로 씻기거나 세면기에 온수를 담아 엉덩이를 씻어주세요. 타월로 닦을 때에도 문지르지 말고 툭툭 가볍게 두드리듯 닦아주세요.

추천 레시피

7~8개월

강판에 간 사과
조리시간 5분

재료

사과 … 30g

만드는 법

❶ 사과를 강판에 간다.

9~11개월

무죽
조리시간 10분

재료

무(부드럽게 삶아서 으깨기) … 2작은술
5배죽 … 60g
다시국물 … 2큰술

만드는 법

❶ 작은 냄비에 무, 5배죽, 다시국물을 담고 흐물흐물해질 때까지 삶는다.

1세~1세반

뉴면
조리시간 10분

재료

소면(건면) … 20g
다시국물 … 1/2컵
달걀 푼 것 … 1/2개분
간장 … 약간

만드는 법

❶ 소면은 삶아서 길이 1~2cm로 자른다.
❷ 작은 냄비에 ①, 다시국물, 간장을 넣고 한소끔 끓인다.
❸ ②에 달걀을 풀어 넣고 달걀이 익을 때까지 끓인다.

* 구토

★ 토하는 증상이 가라앉을 때까지 식사를 미루는 게 좋다

토하는 증세가 계속되면 식사를 먹이지 말고 상태를 살피세요. 위 속에 고형물(固形物)이 들어가면 그것이 자극이 되어 또 토하고 싶어지는 경우가 있습니다. 우선은 위를 쉬게 해주는 것이 중요합니다.

토하는 증상이 가라앉았다면 끓여서 식힌 아기용 보리차나 물을 여러 차례에 나누어 조금씩 먹여보세요. 마시는 물에 의해 토하는 증상이 다시 나빠지는 일 없이 진정되기 시작하면, 죽이나 푹 삶은 우동 등 소화에 좋은 음식을 조금씩 먹여주세요.

재료는 당근과 감자, 정장작용(整腸作用)이 있는 사과 등이 적합하며, 평소보다 부드럽게 조리하세요. 달걀이나 우유, 고기 등의 동물성 단백질이나 감귤계의 과일 등은 몸 상태가 회복될 때까지 피하는 편이 좋습니다.

★ 홈케어 방법

얼굴을 옆을 향하게 하고 재운다

얼굴을 천정을 향해서 재우면 토사물이 기도로 들어가므로 주의해야 합니다. 계속해서 토할 우려가 있는 때에는 얼굴을 옆을 향하게 하고 재우세요. 샤워타월이나 베개 등을 놓아주면 옆으로 누운 자세를 유지하기 쉽습니다.

토하는 증상이 사그라들었다면 조금씩 물을 먹이세요. 수분을 취할 수 있을 때에는 그렇게 걱정할 것 없습니다. 수분을 취할 수 없는 때에는 탈수증을 일으킬 위험이 있으므로 바로 진찰을 받아야 합니다.

냄새가 밴 것은 빨리 교환을

토사물 냄새로 인해 또 토하고 싶기도 합니다. 토사물을 재빨리 정리해서 입 주위를 닦고 깨끗하게 해주세요. 더러워진 시트나 입고 있는 옷도 신속하게 교체하시구요.

추천 레시피

7~8개월

밀기울 죽

조리시간 10분

재료

밀기울 가루 … 2g
7배죽 … 50g
다시국물 … 2큰술

만드는 법

❶ 밀기울 가루는 물에 개어서 불린다.
❷ 작은 냄비에 밀기울, 7배죽, 다시국물을 넣고 부드러워질 때까지 끓여서 갈아 으깬다.

9~11개월

두부 수프

조리시간 10분

재료

두부(잘게 자르기) … 2큰술
채소수프 … 1/4컵
간장 … 약간

만드는 법

❶ 작은 냄비에 두부, 채소수프를 넣고 두부가 익을 때까지 끓인다.
❷ 간장을 넣어 간을 한다.

1세~1세반

푹 삶은 우동

조리시간 20분

재료

우동(건면) … 20g
무, 당근(채썰기) … 각 1큰술
다시국물 … 1/2컵
간장 … 약간

만드는 법

❶ 우동을 삶아서 길이 1~2cm로 자른다.
❷ 작은 냄비에 우동, 무, 당근, 다시국물을 넣고 우동이 부드러워질 때까지 끓인다.
❸ 간장을 넣어 간을 한다.

★ 밀기울은 밀에서 가루를 빼고 남은 겨와 씨눈으로, 무기질이 풍부하고 식이섬유를 많이 함유하고 있으며, 소화가 잘 됩니다.

변비

★ 이유식이나 수분량을 신경 써서 늘려보자

변비의 원인은 먹는 양이나 수분량, 식이섬유의 부족 등 식생활에 의한 것이 많으므로, 식사나 생활습관을 고치는 것으로 해결할 수 있습니다. 이유식을 시작하면 변의 상태가 변하기 시작하고 변비로 고민하게 되는 경우가 적지 않습니다. 평소에 수분을 듬뿍 섭취하고, 고구마, 무, 시금치, 미역, 톳 등 식이섬유를 많이 함유한 식품 섭취를 늘려서 장의 움직임을 활발하게 만들어주세요. 변비가 해결될 뿐만 아니라 예방도 됩니다. 또 사과, 딸기, 자두, 감귤 등 장을 자극하는 요구르트도 추천합니다.

규칙적인 생활을 하고, 정해진 시간에 식사를 하는 것만으로도 응가가 부드럽게 나올 수 있습니다.

★ 홈케어 방법

배꼽 주위를 마사지

아기의 배꼽 주위를 부드럽게 마사지해서 장의 움직임을 촉진시킵니다. 일본어 '*の*'를 쓰듯이 하는 것도 좋은 방법입니다. 지나치게 힘을 넣지 않도록 주의하세요. 스킨십도 되고 일석이조입니다~.

끓여서 식힌 물이나 아기용 보리차를 평소보다 넉넉하게 먹여보세요. 오렌지 주스 등 감귤계 과즙도 먹여보세요. 장의 움직임이 활발해지는 작용을 기대할 수 있습니다.

응가가 나올 듯하면서 나오지 않을 때에는 베이비오일을 적신 면봉을 항문에 1cm정도 넣고 천천히 돌려서 자극해 주세요. 바로 나오는 경우가 있으므로 엉덩이 아래에 기저귀를 깔아주세요.

추천 레시피

7~8개월

고구마 양파 수프
조리시간 15분

재료

양파(다지기) … 1큰술
고구마(부드럽게 삶아서 으깨기) … 4작은술
물에 녹인 분유 … 1/4컵
샐러드유 … 약간

만드는 법

❶ 작은 냄비에 샐러드유를 둘러 달군 후 양파를 볶는다.
❷ ①에 고구마와 분유를 넣고 한소끔 끓인다.
❸ 믹서기에 ②를 넣고 매끄러워질 때까지 돌린다.

9~11개월

플레인 요구르트
조리시간 5분

재료

자두 … 1개
플레인 요구르트 … 1/4컵

만드는 법

❶ 자두는 삶아서 씨를 제거하고 다진다.
❷ ①에 요구르트를 잘 섞어준다.

1세~1세반

톳밥
조리시간 15분

재료

톳 … 2g
당근, 강낭콩(채썰기) … 각 1큰술
다시국물 … 1/4컵
간장 … 약간
진밥 … 60g

만드는 법

❶ 톳은 물에 담가 불린다.
❷ 작은 냄비에 ①, 당근, 강낭콩, 다시국물을 넣고 부드러워질 때까지 삶아 간장으로 간을 한다.
❸ 따뜻한 진밥과 ②를 잘 섞어준다.

✱ 구내염

★ 입에 닿는 감촉이 좋은 식품이나 자극이 적은 조리법을 염두에 두자

구내염이 생기면 입 안이 아파서 식욕이 떨어집니다. 아기는 그 이유를 표현할 수 없습니다. 음식물을 먹여줄 때의 반응이 평상시와 다르다면 입 안을 살펴보세요.

혀의 움직임이 불충분한 아기는 염증 부위에 닿지 않게 먹을 수 없으므로, 먹는 것 자체를 싫어하게 됩니다. 하지만 에너지나 영양소를 충분히 섭취하지 않으면 회복이 더뎌집니다. 소량 밖에 못 먹더라도 영양을 섭취할 수 있도록 영양가 높은 음식을 매끄럽게 조리해서 먹여주세요. 크림 찜, 젤리 등을 추천합니다. 너무 뜨거운 것, 너무 차가운 것, 신맛이 강한 것, 딱딱한 것, 파삭파삭한 것은 자극이 되므로 피하세요.

★ 홈케어 방법

상태를 보고 진찰해야

구내염은 많은 경우 1주일에서 10일 정도 지나면 자연스레 낫습니다. 통증이 심할 때, 먹고 마실 수 없을 때, 열이 심할 때는 의사의 진찰을 받으세요. 연고 등의 약이 처방되는 경우도 있습니다.

입 안이 아프면 먹고 싶어도 먹을 수 없습니다. 체력이 떨어져 있을 때에 구내염이 발생하는 경우가 많으므로 식욕이 없는 경우에는 체내의 수분이 부족해지지 않도록 바지런히 수분을 보충해주세요.

아기는 구내염 부위에 닿지 않도록 먹는 것이 불가능하므로 엄마가 이유식에 신경써야 합니다. 가능하면 자극이 적고 삼키기 쉬운 상태로 조리하세요. 온도도 자극이 되므로 체온 정도로 식히는 것도 잊지 마시길 바랍니다.

추천 레시피

7~8개월

두부 앙카케

조리시간 10분

재료

두부(거칠게 으깨기) … 2큰술
당근(삶아서 갈아 으깨기) … 1큰술
다시국물 … 2큰술
물에 녹인 전분 … 약간

만드는 법

❶ 작은 냄비에 두부, 당근, 다시국물을 넣고 흐물흐물해질 때까지 끓인다.
❷ ①에 물에 녹인 전분을 넣고 저어가면서 걸쭉하게 만든다.

9~11개월

당근 젤리

조리시간 20분 (식히는 시간은 별도)

재료

당근(부드럽게 삶아서 다지기) … 1큰술
분말 젤라틴 … 1g
물 … 1큰술
채소수프 … 2큰술

만드는 법

❶ 내열 용기에 분량의 물을 붓고 분말 젤라틴을 넣어 섞어준다. 5분 정도 둔 후 랩을 씌워서 전자레인지에 약 20초 가열한다.
❷ 내열 용기에 당근, 채소수프를 넣고 잘 섞어서 랩을 씌워 약 20초 가열하고 ①을 섞는다.
❸ 젤리 틀에 ②를 부어 냉장고에서 식혀서 굳힌다.

1세~1세반

흰살생선 크림 찜

조리시간 15분

재료

감자(한 입크기로 자르기) … 2큰술
흰살생선(다지기) … 2큰술
우유 … 1/4컵

만드는 법

❶ 작은 냄비에 감자, 흰살생선, 우유를 넣는다.
❷ 감자가 부드러워질 때까지 끓인 후 식힌다.

음식물 알레르기

★ 증상이 나타나는 연령은 0~1세가 최다

몸에는 이물(알레르겐)이 들어왔을 때에 항체를 만들어 배제시키는 '면역'이라는 구조가 있습니다. 달걀이나 우유 등 어느 특정 음식물을 먹었을 때에 면역이 과잉 반응해서 일으키는 다양한 증상을 음식물 알레르기라고 합니다.

음식물 알레르겐은 소장에서 흡수된 분자량 1만 이상의 단백질이라 알려져 있습니다. 식품은 소화효소에 의해 분해되지만, 젖먹이와 어린이에게는 충분히 분해되지 않고 커다란 분자인 상태로 흡수되는 경우가 있습니다. 또 장관점막을 지키는 분비형 IgA 등 면역력도 약해지기 때문에 음식물 알레르기를 일으키기 쉽습니다. 음식물 알레르기의 증상이 나타나는 연령은 0~1세가 가장 많고, 3세까지가 전체의 60%를 차지합니다. 자라면서 조금씩 감소합니다. 처음으로 시도하는 재료는 아기의 상태를 살피면서 한 종류씩 먹이세요. 이렇게 하면 몸에 변화가 생겼을 때에 원인을 파악하기 쉬워집니다.

그러면 어떤 음식에 주의를 기울여야 하는 걸까요? 어린아이가 음식물 알레르기를 일으키는 대표적인 식품은 달걀, 우유·유제품, 밀 등입니다. 이어서 메밀, 생선류, 과일류, 새우, 육류, 콩 등을 들 수 있습니다. 메밀, 새우, 견과류는 과민성쇼크(Anaphylaxis)라고 해서 여러 장기에 증상이 나타나는 즉시형 알레르기 반응을 일으키는 것도 있으므로 주의해야 합니다.

이와 같은 음식물 알레르기를 걱정한 나머지 가끔 발진이 생기거나 설사를 할 때에 '분명 음식물 알레르기일거야'라고 자가진단을 내리고 필요 이상으로 제한하는 엄마들도 적지 않습니다. 하지만 이와 같은 '제거식'은 치료의 일부이므로 엄마가 임의로 판단해서 음식물을 제한하거나 대체식품으로 바꾸어서는 안 됩니다. 음식물 알레르기라 의심되는 경우에는 반드시 전문의에게 진찰을 받으셔야 합니다.

★ 음식물 알레르기 기본 대처법

1 부모의 판단으로 음식물을 제거하지 않는다
임의로 판단해서 특정 음식물을 제거하면 영양부족으로 이어져 아기의 발달에 악영향을 미치기 쉽습니다.

2 음식물 알레르기 전문의에게 진찰을 받는다
혈액검사 수치만으로는 올바른 진단이 불가능한 경우가 있습니다. 음식물 알레르기인지 걱정되면 반드시 전문의의 진단을 받도록 합니다.

3 제거식이나 대용식의 실천은 의사의 지시에 따른다
성장하면서 면역력이 생기고 증상이 개선되기도 합니다. 제거식은 치료법의 하나이므로 의사의 지시에 따르도록 합니다.

*달걀

★ 날달걀이나 반숙달걀에 주의한다

달걀은 음식물 알레르기의 원인이 되는 식품 제1위입니다. 달걀은 가열하면 항원성(抗原性)이 크게 감소하므로 완숙달걀은 먹여도 괜찮지만 날달걀이나 반숙달걀에는 주의가 필요합니다. 또 노른자와 흰자를 비교하면 흰자 쪽이 항원으로 반응하는 경우가 많습니다.

★ 조리에 신경써야 한다

달걀 알레르기라는 진단을 받았다면, 달걀과 달걀을 함유한 가공식품을 제거해야 합니다. 또 달걀은 햄버거나 고기경단 등의 육류 요리의 이음제로 사용되거나 튀김옷이나 과자의 재료에 사용되는 경우도 많으니 신경써야 합니다.

먹을 수 없는 것

달걀과 달걀을 함유한 가공식품

마요네즈, 쿠키나 케이크 등의 과자, 어묵 등 반죽해서 만든 음식, 햄이나 소시지 등의 육류 가공식품

조리 아이디어

- ♥ 햄버거나 고기경단 등의 이음제로 달걀을 사용하지 말고, 강판에 간 감자류와 전분으로 대용한다.
- ♥ 튀김옷으로 달걀을 사용하지 말고, 물과 전분을 섞어 사용한다.
- ♥ 과자를 만들 때에는 젤라틴과 전분, 한천 등으로 대용한다. 케이크 등은 중탄산소다나 베이킹파우더로 부풀린다.
- ♥ 요리에 색감을 원할 때에는 단호박과 옥수수 등 다른 노란색 재료를 사용한다.

※개인차가 있으므로 알레르기 전문의와 상담하세요.

우유 · 유제품

★ 유제품도 제거법을 사용한다

우유는 가열하거나 발효시켜도 항원성이 감소하지 않으므로 알레르기 증상이 나타나면 우유를 비롯해 치즈, 요구르트, 버터, 과자류 등의 유제품을 먹을 수 없는 경우가 있습니다. 아기가 선호하는 식품이 많으므로 요리에 신경쓰세요.

★ 칼슘 부족에 주의한다

칼슘이 부족해질 수 있으므로 톳이나 잔멸치 등 칼슘을 많이 함유한 식품을 식단에 넣도록 하세요. 전문의의 지시에 따라 알레르기용 밀크를 사용할 수 있는 경우도 있습니다. 칼슘 섭취량은 늘립니다.

먹을 수 없는 것

우유와 우유를 함유한 가공식품

요구르트, 치즈, 버터, 생크림, 모든 분유류, 아이스크림, 빵, 빵가루, 우유당과자의 일부(초콜릿 등), 조미료의 일부

조리 아이디어

- ♥ 화이트소스 등을 사용하는 요리의 경우 루(roux)는 강판에 간 감자류로 대용한다. 또는 버터 대신 알레르기용 마가린과 밀가루를 사용해서 손수 만든다. 시판중인 알레르기용 루를 사용해도 좋다.
- ♥ 과자를 만드는 경우는 우유 대신 두부나 코코넛밀크, 알레르기용 밀크를 사용한다.

※개인차가 있으므로 알레르기 전문의와 상담하세요.

밀

★ 주식은 쌀 중심으로

밀은 빵이나 면류의 재료입니다. 알레르기 증상을 보이면 쌀을 중심으로 식단을 짭니다. 밀을 사용하는 조리에는 쌀가루나 전분, 비지 등으로 대용하세요.

★ 식빵 1장(160kcal)을 대체할 수 있는 식품의 기준

밥	주먹밥 중1개	100g
건면(밀가루 사용하지 않은 것)	1/2식분	45g
곡류가루(잡곡 등)	1/2컵	45g
찐 고구마	중1개	120g
찐 감자	소2개	190g

먹을 수 없는 것

밀과 밀가루를 함유한 가공식품

빵, 우동, 마카로니, 스파게티, 만두피, 밀기울, 시판용 루(스튜나 카레 등), 조미료 일부

조리 아이디어

- ♥ 스튜나 카레의 루를 만들 때에는 쌀가루나 전분으로 대용한다.
- ♥ 튀김옷은 전분으로 대용한다.
- ♥ 빵이나 케이크 등의 과자는 쌀가루나 잡곡가루, 감자류 등을 사용해 손수 만든다.

※개인차가 있으므로 알레르기 전문의와 상담하세요.

콩

★ 가공식품 중에서는 먹을 수 있는 것도 있어

콩은 양질의 식물성 단백질을 함유하고 있습니다. 콩 알레르기라고 하더라도 콩 이외의 두류(豆類)나 콩을 원료로 하고 있는 간장이나 된장을 먹을 수 있는 경우가 많으므로 임의로 제거해서는 안 됩니다.

★ 두부 반 모의 철 1mg을 대체할 수 있는 식품의 기준

닭고기 간	1/4개	10g
쇠고기	얇게 썬 2장	35g
돼지고기	얇게 썬 6장	110g
조갯살(바지락)	6~7개	30g
달걀	중~대 1개	55g

먹을 수 없는 것

두부류나 콩을 함유한 가공식품
두유, 두부, 두부튀김, 유부, 비지, 콩가루, 간장*, 된장*, 콩에서 유래된 유화제를 사용한 식품
(*는 미량 반응하는 증상의 경우에만 제거가 필요)

조리 아이디어

증상이 심한 경우에는 미량의 간장이나 된장에도 반응하는 경우가 있으므로 잡곡이나 쌀로 빚어진 간장, 된장 등으로 대용한다.

※개인차가 있으므로 알레르기 전문의와 상담하세요.

그 외 알레르기 식품

이유식 초기에는 3대 알레르기 외에 생선(알)이나 메밀 등에 반응을 보이는 경우도 있습니다. 자라면서 새우 · 게 등의 갑각류나 과일, 견과류에 반응하는 경우도 있고, 알레르기 반응 음식이 바뀌기도 합니다.

★ 채소 · 과일

생각지도 않은 과일에 알레르기 반응을 보이기도 합니다. 다른 과일 · 채소로 비타민과 미네랄을 섭취하도록 하세요. 과일 · 채소는 가열하면 항원성이 감소하므로 생으로 먹을 때 증상을 보였어도 가열하면 먹을 수 있기도 합니다.

★ 생선

생선을 먹이지 않으면 비타민D가 부족해지기 쉽습니다. 말린 표고버섯이나 목이버섯을 이용하세요. 어패류와 갑각류는 생선과 별개의 항원입니다.

★ 메밀

메밀 알레르기는 메밀국수를 삶은 냄비를 깨끗이 씻지 않고 그 냄비에 삶은 우동을 먹어도 증상이 나타나기도 합니다. 조리기구의 관리에도 주의하세요.

★ 견과류

여러 장기에 증상이 나타나는 즉시형 알레르기 반응을 일으킬 수도 있습니다. 초콜릿 등의 과자류에 함유되어 있는 경우도 있으므로 주의하세요.

외출할 때

★ 외출할 때의 이유식은 사전 준비가 중요

'이유식을 시작하면 외출할 수 있을까?'라며 불안해하는 엄마들도 많습니다. '평소와 같은 시간에 이유식을 먹이지 않아도 괜찮을까?' '외출해서 이유식? 집에서도 힘든데, 밖에서 제대로 먹일 수 있을까?' 등 걱정거리가 늘어나기 때문입니다. 같은 시간에 식사를 하는 것이 바람직하니, 가능하면 식사시간에 걸리는 외출은 피하세요. 어쩔 수 없이 아기를 데리고 외출해야만 하는 경우에는 확실히 준비를 한 후 외출하도록 하세요.

★ 행선지에 맞추어 준비할 것을 갖춘다

우선은 언제, 어디서, 어떠한 식사를 하게 될지를 머릿속으로 그려보세요. 사전에 인터넷 등을 활용해 근처에 수유실이 마련되어 있는지 확인해두면 안심이 됩니다. 뜨거운 물 걱정이 없다면 가볍고 종류도 풍부한 냉동건조된 베이비푸드를 가지고 가면 되고, 분유(스틱 타입으로 된 것이라든지, 1회분의 양을 준비해두면 편리)를 가지고 가면 느긋하게 분유를 먹일 수 있습니다.

친구 집이나 친정, 시댁 등 신경 쓸 필요가 없는 장소에 갈 때에는 먹는데 익숙해져 있는 손수 만든 이유식을 가지고 가는 것도 좋겠죠. 냉동한 것을 보냉재와 함께 보냉팩에 담아서 운반하면 더운 날도 안심할 수 있습니다. 아기용 전병 등도 아기가 싫증이 났을 때나 이유식의 양이 부족할 때에 도움이 됩니다.

장거리 외출을 할 때나 이유식을 펼치기 힘든 장소에 갈 때에는 주식과 반찬이 세트로 되어 있어 그대로 먹이면 되는 베이비푸드가 편리합니다. 3회식을 먹게 되었다면 어른 메뉴에서 엷은 맛의 재료를 덜어내어 만드는 것도 가능하므로 마음이 편안해집니다.

★ 외식할 때의 대응책

1

베이비푸드를 활용한다

그대로 먹일 수 있는 것이 편리합니다. 미리 구입해두면 급작스런 외출에도 당황하지 않고 대응이 가능합니다.

2

먹는 데 익숙해진 식품을 생각해둔다

빵과 우유를 가지고 가서 먹일 때에는 빵을 우유에 적시는 등 다양한 방법을 생각해보세요.

3

어른의 식사에서 덜어낸다

피자커터나 뚜껑 달린 강판 용기가 보물입니다. 우동이나 채소 등을 간단하게 잘게 만들 수 있습니다.

초간편!
냉동 이유식에 관한 모든 것

냉동의 6가지 포인트
재료별 냉동방법
냉동재료로 만든 이유식 레시피

냉동의 6가지 포인트

이유식은 소량인데도 만드는데 손이 많이 갑니다.
짬이 났을 때 모아서 조리해두고, 냉동실에 보관하는 냉동법을 활용해보세요.
매일 매일의 이유식 만들기가 편해져서, 시간을 유용하게 사용할 수 있게 됩니다.

1. 신선도가 높을 때 냉동한다

식품의 선도는 시간이 지남에 따라 떨어지게 됩니다. 이유식의 경우는 특히 구입한 당일 조리해서 냉동하는 것이 좋습니다. 아기의 위에 부담을 주지 않고, 세균번식도 억제하기 위해 가열조리를 합니다. 빠른 시간 내에 조리하는 것이 선도와 맛을 유지하는 요령입니다.

아기에게 맛있는 이유식을 만들어줄 수 있도록 신선한 재료를 고르세요.

2. 냉동고에는 충분히 식힌 후에 넣는다

막 완성된 따뜻한 이유식을 냉동고 안에 넣으면 냉동고 내부 온도가 올라가고, 다른 식품이 녹게 됩니다. 세균 번식이 쉬워져 식품을 상하게 만드는 원인이 되므로, 조리한 이유식을 냉동할 때에는 충분히 식히고 난 후에 냉동고에 넣도록 합니다.

식품을 충분히 식히고 난 후에 냉동고에! 냉동고 내부의 온도를 일정하게 유지시킵니다.

3. 단시간에 냉동한다

맛과 선도를 떨어뜨리지 않기 위한 아이디어로 '급속냉동' 이 있습니다. 냉장고에 이 기능이 있다면 꼭 활용해보세요. 조리를 시작할 때에 냉동고의 온도 눈금을 '강' 에 맞춰둡니다. 세균은 -10℃ 이하가 되면 움직임이 둔해집니다.

지퍼백에 재료를 넣고 젓가락으로 눌러서 얇게 펴면 냉동시간을 단축시킬 수 있습니다.

4. 사용하기 편하게 소량으로 나눈다

조리 후 먹을 양 만큼 나누어서 냉동합니다. 이렇게 하면 식단을 짜기 쉽고 빠르게 이유식을 준비할 수 있습니다. 또 한 끼

분량만 꺼낼 수 있어서, 보관해두고 싶은 식품이 상하는 일도 줄어듭니다. 공기와 접촉하면 식품의 산화(酸化)와 건조가 진행되기 때문에 가능하면 밀폐해서 보관하세요.

종이컵

1회분씩 종이컵에 소량으로 나눈 후 랩에 싸서 밀폐용기나 지퍼백에 넣어서 냉동합니다.

랩을 씌운다

밥과 채소 등은 1회분씩 랩을 씌운 후 지퍼백에 넣어서 냉동합니다.

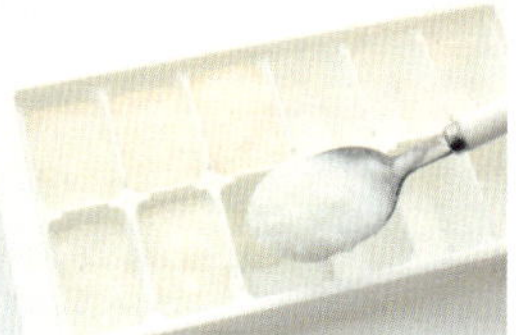

아이스큐브

큐브 한 칸이 몇 ㎖, 몇 g인지 미리 측정해두고 기준으로 삼습니다. 얼린 후 지퍼백에 넣어서 보관합니다.

5. 일주일을 기준으로 모두 사용한다

아기는 저항력이 약하기 때문에 위생에 각별히 주의해야 합니다. 냉동은 식품을 언제까지고 신선하게 유지하는 수단이 아니므로, 일주일 안에 다 먹을 수 있는 양이 적당합니다. 남기는 경우에는 어른 요리에 활용하세요. 언제, 무엇을, 어느 정도 만들었는지 날짜를 기록해두는 것이 좋습니다.

지퍼백이나 밀폐용기에 날짜와 재료명을 기록해둡니다.

6. 사용할 때에는 재가열한다

냉동한 이유식을 사용할 때의 원칙은 해동이 아니라 재가열입니다(실온에서 해동하면 세균이 번식합니다). 전자레인지와 가스레인지를 사용해 충분히 가열합니다. 냉동실 내부는 습도가 낮아서 식품이 건조해지기 쉽고 부드럽게 하기 위해서도 물을 조금 넣고 가열합니다.

전자레인지에 가열

물을 조금 넣어서 가열합니다. 주위는 뜨거워져도 속은 익지 않는 경우가 있기 때문에, 수시로 확인하면서 데우도록 합니다.

냄비에 넣어서 가열

얼린 밥은 뜨거운 물에 넣고 끓여도 좋겠죠? 밥이 수분을 머금어 포동포동 맛있는 죽이 됩니다.

재료별 냉동방법

곡류

5~6개월

미음

❶ 월령에 맞춰 미음을 쑨다.

❷ 1회분씩 나누어 지퍼백이나 아이스큐브에 넣어 냉동한다.

5~6개월

소면

❶ 소면은 부드럽게 삶는다.

❷ 길이 1~2cm로 잘라 1회분씩 랩에 싸서 냉동한다. 해동한 후 이유식 초기(5~6개월)에는 갈아 으깨고, 중기(7~8개월)에는 다지고, 후기(9~11개월)에는 잘게 썬다(1세~1세반은 그대로 조리한다).

5~6개월

우동

❶ 우동은 부드럽게 삶는다.

❷ 길이 1~2cm로 잘라 1회분씩 랩에 싸서 냉동한다. 해동한 후, 이유식 초기(5~6개월)에는 갈아 으깨고, 중기(7~8개월)에는 다지고, 후기(9~11개월)에는 잘게 썬다(1세~1세반은 그대로 조리한다).

5~6개월

식빵

❶ 1장씩 랩에 싸서 냉동한다.

5~6개월

빵 미음

❶ 식빵의 흰 부분을 작게 뜯어서 냄비에 넣고 월령에 맞춰 부드럽게 끓인다.

❷ 1회분씩 나누어 지퍼백이나 아이스큐브에 넣어 냉동한다.

9~11개월

진밥

❶ 진밥을 짓는다.

❷ 1회분씩 나누어 랩에 싸서 냉동한다.

5~6개월

흰살생선(갈아 으깬 것)

❶ 껍질과 뼈를 발라내고 삶는다.

❷ 갈아 으깨어 1회분씩 랩에 싸서 냉동한다.

5~6개월

마른 잔멸치 (다지기)

❶ 차 망에 넣고 뜨거운 물을 부어 소금기를 제거한 후 다진다.

❷ 1회분씩 랩에 싸서 냉동한다.

★ 해동한 후에는 갈아 으깨서 사용한다.

7~8개월

연어

❶ 껍질과 뼈를 제거하고 삶는다.

❷ 발라내서 1회분씩 랩에 싸서 냉동한다.

★ 소금에 절인 연어가 아니라 날연어를 사용한다.

7~8개월

흰살생선(발라낸 것)

❶ 껍질과 뼈를 발라내고 삶는다.

❷ 거칠게 발라내어 1회분씩 랩에 싸서 냉동한다.

7~8개월

마른 잔멸치

❶ 차 망에 넣고 뜨거운 물을 부어 소금기를 제거한다.

❷ 1회분씩 랩에 싸서 냉동한다.

9~11개월

참치

❶ 삶아서 사방 7mm로 자른다.

❷ 1회분씩 랩에 싸서 냉동한다.

5~6개월

시금치(갈아 으깨기)

❶ 잎사귀 끝부분을 부드러워질 때까지 삶는다.

❷ 매끄러워질 때까지 갈아 으깨서 1회분씩 랩에 싸서 냉동한다.

5~6개월

단호박

❶ 껍질과 씨를 발라낸 후 부드러워질 때까지 삶는다.

❷ 갈아 으깨서 1회분씩 랩에 싸서 냉동한다.

5~6개월

브로콜리(다지기)

❶ 꽃 부분이 부드러워질 때까지 삶는다.

❷ 다져서 1회분씩 랩에 싸서 냉동한다.

★ 해동한 후 5~6개월은 갈아 으깨서 사용한다.

5~6개월

감자

❶ 부드러워질 때까지 삶는다.

❷ 으깨서 1회분씩 랩에 싸서 냉동한다.

5~6개월

토마토

❶ 토마토의 껍질과 씨를 제거한 후 갈아 으깨서 체에 내린다.

❷ 1회분씩 지퍼백이나 아이스큐브에 담아 냉동한다.

5~6개월

고구마

❶ 부드러워질 때까지 삶는다.

❷ 으깨서 1회분씩 랩에 싸서 냉동한다.

5~6개월

당근

❶ 부드러워질 때까지 삶는다.

❷ 갈아 으깨서 1회분씩 랩에 싸서 냉동한다.

5~6개월

양배추(갈아 으깨기)

❶ 심을 제거한 후 부드러워질 때까지 삶아서 갈아 으깬다.

❷ 1회분씩 지퍼백이나 아이스큐브에 담아서 냉동한다.

5~6개월

바나나

❶ 적당한 크기로 나누어서 으깬다.

❷ 1회분씩 지퍼백이나 아이스큐브에 담아서 냉동한다.

5~6개월

사과

❶ 사방 5~6mm로 자른다.

❷ 부드러워질 때까지 삶아서 1회분씩 랩에 싸서 냉동한다.

★ 5~6개월에는 해동한 후 으깨서 사용한다.

7~8개월

시금치(다지기)

❶ 잎사귀 끝부분을 부드러워질 때까지 삶는다.

❷ 다져서 1회분씩 랩에 싸서 냉동한다.

7~8개월

양배추(다지기)

❶ 심을 제거한 후 부드러워질 때까지 삶는다.

❷ 다져서 1회분씩 랩에 싸서 냉동한다.

9~11개월

브로콜리(잘게 썰기)

❶ 잘게 나누어 부드러워질 때까지 삶는다.

❷ 잘게 썰어 1회분씩 랩에 싸서 냉동한다.

7~8개월

닭가슴살(다지기)

❶ 삶아서 잘게 다진다.

❷ 1회분씩 랩에 싸서 냉동한다.

9~11개월

닭가슴살(잘게 찢기)

❶ 삶아서 길이 1cm로 자른 후 손으로 잘게 찢는다.

❷ 1회분씩 랩에 싸서 냉동한다.

9~11개월

다진 닭고기

❶ 차 망에 넣어 삶는다.

❷ 1회분씩 랩에 싸서 냉동한다.

9~11개월

다진 돼지고기

❶ 차 망에 넣어 삶는다.

❷ 1회분씩 랩에 싸서 냉동한다.

1세~1세반

닭가슴살(사방 7mm로 자르기)

❶ 삶아서 사방 7mm로 자른다.

❷ 1회분씩 랩에 싸서 냉동한다.

1세~1세반

완자

❶ 다진 닭고기(또는 다진 돼지고기) 1큰술, 달걀 푼 것 1작은술, 전분을 약간 섞어 2~3등분으로 나눈다.

❷ 프라이팬에 샐러드유를 약간 둘러 달군 후, ①의 양면을 굽는다.

❸ 1회분씩 랩에 싸서 냉동한다.

5~6개월

다시국물

❶ 냄비에 물과 다시마를 넣고 끓인다.

❷ 팔팔 끓기 직전에 다시마를 건져내고, 가다랭이포를 넣고 불을 끈 후 체에 내린다.

❸ 1회분씩 지퍼백이나 아이스큐브에 담아서 냉동한다.

5~6개월

채소수프

❶ 적당한 크기로 자른 채소를 냄비에 넣고 부드러워질 때까지 익힌 후 체에 내린다.

❷ 1회분씩 지퍼백이나 아이스큐브에 담아서 냉동한다.

7~8개월

낫또

❶ 차 망에 넣어 뜨거운 물을 부어 끈기를 제거한다.

❷ 잘게 썰어 1회분씩 랩에 싸서 냉동한다.

7~8개월

화이트소스

❶ 버터 1큰술과 밀가루 2큰술을 볶는다.

❷ ①에 채소수프 1/4컵과 우유 1¾컵을 넣어 걸쭉해질 때까지 저어가면서 익힌다. 1회분씩 지퍼백이나 아이스큐브에 담아서 냉동한다.

9~11개월

톳

❶ 물에 불린 후 삶는다.

❷ 잘게 썰어 1회분씩 랩에 싸서 냉동한다.

냉동재료로 만든 이유식 레시피

잔멸치 당근 미음

조리시간 5분

냉동재료

10배죽 … 1큰술
마른 잔멸치(다지기) … 1작은술
당근 … 1작은술

만드는 법

❶ 작은 냄비에 10배죽, 마른 잔멸치, 당근을 넣고, 흐물흐물해질 때까지 약한 불에서 익힌다.

토마토 빵 미음

조리시간 5분

냉동재료

빵 죽 … 2작은술
토마토 … 2작은술
➕ 물에 녹인 분유 … 2작은술

만드는 법

❶ 내열 용기에 빵 죽, 토마토, 분유를 넣고 랩을 씌운 후 전자레인지에 약 30초 가열한다.

오렌지 빵죽

조리시간 5분

냉동재료

빵 죽 … 1큰술
✚ 오렌지주스(과즙100%) … 1큰술

만드는 법

❶ 내열 용기에 빵 죽과 오렌지주스를 넣고 랩을 씌운 후 전자레인지에 약 30초 가열한다.

초기(5~6개월)
중기(7~8개월)

낫또 톳 덮밥

조리시간 5분

냉동재료

낫또 … 1큰술
톳 … 2작은술
진밥 … 80g

만드는 법

❶ 낫또와 톳을 섞어 랩을 씌운 후 전자레인지에 약 30초 가열한다.
❷ 진밥은 전자레인지에 약 40초 가열해서 ①을 얹는다.

후기(9~11개월)
완료기(1세~1세반)

후기(9~11개월)

완료기(1세~1세반)

낫또 오이 소면

조리시간 10분

냉동재료

낫또 … 1작은술
소면 … 40g(9~11개월), 50g(1세~1세반)

➕ 오이(강판에 갈기) … 1큰술

만드는 법

❶ 낫또는 전자레인지에 약 10초 가열한다.
❷ 소면도 약 40초 가열해서 잘게 썬다.
❸ ②의 소면 위에 오이와 ①의 낫또를 얹는다.

완료기(1세~1세반)

삶은 달걀과
화이트소스 토스트

조리시간 10분

냉동재료

식빵 … 1/2장
화이트소스 … 1큰술

➕ 삶은 달걀 … 1/2개

만드는 법

❶ 화이트소스는 전자레인지에 약 10초 가열한다.
❷ 삶은 달걀은 다진다.
❸ 식빵 귀퉁이를 잘라내고 계란과 화이트소스
를 얹어 오븐 토스터에 약 1분 가열한다.

닭가슴살 시금치 무침

조리시간 5분

냉동재료

닭가슴살(다지기) … 1작은술
시금치(다지기) … 1큰술
다시국물 … 1큰술

만드는 법

❶ 내열 용기에 닭가슴살, 시금치, 다시국물을 넣고, 랩을 씌워 전자레인지에 약 30초 가열한다.

참치 오이 무침

조리시간 10분

냉동재료

참치 … 15g
✚ 오이(강판에 갈기) … 1큰술

만드는 법

❶ 참치는 전자레인지에 약 20초 가열한다.
❷ ①과 오이를 버무린다.

연어 단호박 버무리

조리시간 5분

냉동재료

연어 … 15g
단호박 … 20g

만드는 법

❶ 연어는 전자레인지에 약 20초 가열하고, 단호박도 약 20초 가열한다.
❷ ①의 연어와 단호박을 버무린다.

중기(7~8개월)　후기(9~11개월)　완료기(1세~1세반)

완자 양배추 소스

조리시간 5분

냉동재료

닭고기 완자 … 15g(2개)
양배추(다지기) … 1큰술
채소수프 … 1큰술

만드는 법

❶ 완자는 전자레인지에 약 20초 가열한다.
❷ 내열 용기에 양배추와 채소수프를 넣고 랩을 씌워 전자레인지에 약 20초 가열한다.
❸ ①의 완자를 ②로 버무린다.

완료기(1세~1세반)

완료기(1세~1세반)

완자 나폴리탄

조리시간 10분

냉동재료

돼지고기 완자 ··· 15g(2개)
토마토 ··· 3큰술
➕ 파스타 ··· 40g

만드는 법

❶ 완자는 전자레인지에 약 20초 가열한다.
❷ 파스타는 삶아서 길이 1~2cm로 자른다.
❸ 작은 냄비에 파스타, 토마토, 완자를 넣고 푹
끓인다.

완료기(1세~1세반)

닭가슴살 바나나무침

조리시간 5분

냉동재료

바나나 ··· 2큰술
닭가슴살(사방 7mm로 자르기) ··· 1큰술

만드는 법

❶ 내열 용기에 바나나와 닭가슴살을 넣고 랩을
씌워 전자레인지에 약 20초 가열한다.
❷ ①의 바나나와 닭가슴살을 섞는다.

양배추 감자 버무리

조리시간 5분

냉동재료

양배추(갈아 으깨기) … 1작은술
감자 … 1작은술

만드는 법

❶ 내열 용기에 양배추와 감자를 넣고, 랩을 씌워
전자레인지에 약 20초 가열한다.

초기(5~6개월)

시금치 바나나 버무리

조리시간 5분

냉동재료

시금치(갈아 으깨기) … 1작은술
바나나 … 1작은술

만드는 법

❶ 시금치는 전자레인지에 약 10초 가열하고,
바나나도 약 10초 가열한다.
❷ ①의 시금치와 바나나를 잘 섞어준다.

초기(5~6개월)

흰살생선 오렌지 버무리

조리시간 5분

냉동재료

흰살생선(갈아 으깨기) … 5g
➕ 오렌지주스(과즙 100%) … 1큰술

만드는 법

❶ 흰살생선은 전자레인지에 약 10초 가열한다.
❷ ①의 흰살생선에 오렌지주스를 타서 묽게 만든다.

초기(5~6개월)

양배추 흰살생선 우동

조리시간 10분

냉동재료

양배추(다지기) … 1큰술
흰살생선(발라낸 것) … 2작은술
우동 … 30g(7~8개월), 40g(9~11개월), 50g(1세~1세반)
다시국물 … 3큰술

만드는 법

❶ 작은 냄비에 양배추, 흰살생선, 우동, 다시국물을 넣고, 부드러워질 때까지 약한 불에서 끓인다.

중기(7~8개월) 후기(9~11개월) 완료기(1세~1세반)

단호박 사과 버무리

조리시간 5분

냉동재료

단호박 … 1큰술
사과 … 1큰술

만드는 법

❶ 내열 용기에 단호박과 사과를 넣고 랩을 씌워 전자레인지에 약 20초 가열한다.

후기(9~11개월)
완료기(1세~1세반)

다진 고기 브로콜리 토마토 찜

조리시간 10분

냉동재료

다진 돼지고기 … 1큰술
브로콜리(잘게 썰기) … 1큰술
➕ 토마토 … 2큰술

만드는 법

❶ 토마토는 팔팔 끓는 물에 살짝 데쳐서 껍질과 씨를 제거한 후 잘게 썰기를 한다.
❷ 작은 냄비에 다진 고기, 브로콜리, 토마토를 넣고, 부드러워질 때까지 약한 불에서 익힌다.

후기(9~11개월)
완료기(1세~1세반)

[희망은 자란다]

내 아이의 꿈에 희망을 더합니다

세상 모든 아이는 부모의 희망이기에
LIG손해보험이 아이를 평생 지켜주고 싶은
당신의 마음을 자녀보험에 담았습니다
아이의 내일이 희망으로 가득해지고
그 희망들이 다치지 않고 아프지 않도록
LIG손해보험이 평생 함께 하겠습니다

아이를 **튼튼하게**, 희망을 **든든하게** 무배당

LIG 희망플러스 자녀(태아)보험

우리 아기 첫 칫솔
래디어스 퓨어베이비 키트

(사용연령: 6개월~ 18개월)

- ♠ 시중 칫솔모 중 가장 부드러운 울트라 소프트 칫솔모
- ♠ 부드럽고 풍성한 칫솔모로 치아와 잇몸에 자극이 없어 아기가 아파하거나 피가 나지 않는 칫솔
- ♠ 끓는 물에 소독 가능한 BPA free 재질의 칫솔
- ♠ BPA free 재질의 휴대용 칫솔케이스가 있어 위생적으로 사용 가능
- ♠ made in USA

래디어스 공식 홈페이지 www.radiustoothbrush.kr   제품문의: 태원무역(02-796-2235, greentogrow@naver.com)